中国重点地区火山岩油气地质学

康玉柱　康志宏　康志江　王纪伟　编著

中国石化出版社

HTTP://WWW.SINOPEC-PRESS.COM

图书在版编目（CIP）数据

中国重点地区火山岩油气地质学 / 康玉柱等编著.
— 北京：中国石化出版社，2021.5
ISBN 978-7-5114-6263-3

Ⅰ.①中… Ⅱ.①康 Ⅲ.①火山岩—石油天然气地
质—中国 Ⅳ.①P618.130.2

中国版本图书馆CIP数据核字（2021）第075988号

中国石化出版社出版发行
地址：北京市东城区安定门外大街58号
邮编：100011 电话：（010）57512500
发行部电话：（010）57512575
http://www.sinopec.press.com
E-mail:press@sinopec.com
北京科信印刷有限公司印刷
全国各地新华书店经销
*
787×1092毫米16开本10.75印张141千字
2021年6月第1版 2021年6月第1次印刷
定价：98.00元

前言

　　火山岩油气田（藏）是一种特殊油气田（藏）类型，在我国多地均有发现。我国自寒武纪以来火山多次喷发，火山岩分布广泛、类型齐全，各时代均有发现。火山岩油气田（藏）油气资源潜力较大，是当前和今后油气勘探的重要领域。

　　我国火山岩在 20 世纪 20~40 年代由中国第一代地质学家开始研究，当时主要关注与火山岩共生的沉积岩系的生物地层学研究，并建立了部分地层群或地层组，同时对某些岩石类型和相关矿产进行了调查。50~60 年代开始了火山岩的岩石学研究，该时期地质矿产调查与勘探发现了少量火山岩型矿床，部分已投入小规模开采。

　　20 世纪 70~80 年代在全国范围内开展了 1∶20 万区域地质调查，之后编制出版了各省（市、自治区）区域地质志、1∶50 万分省地质图、1∶100 万分省岩浆岩分布图、地质构造图等；80 年代以来开展的 1∶5 万区域地质调查对火山岩相、火山构造、火山地层等进行了详细调查和解剖。这期间不断引进国外的火山岩区域地质调查理论与方法，如国外自 70 年代以来发展起来的火山地层—火山岩相—火山构造的综合研究、区域岩石系列（组合、岩套）地球化学与构造—岩浆动力学模式的研究、火山活动的物理化学、热力学与实验岩石学研究方法等，以及自 80 年代以来随着火山地质学理论、遥感技术和分析测试技术的重大发展，在大面积陆相火山岩区火山—沉积地层的划分对比研究方面提出了新的思路与方法，强调了火山岩相、流动单元和冷却单元在地层划分对比中的重要性，且对火山灰流凝灰岩进行了对比，提出了岩性、岩石、同位素年龄、生物地层、磁性地层等综合对比方法。上述理论、方法在我国的引进与应用，对我国陆相火山岩区的地质调查与研究起到了重要的推动作用，并指导开展了某些地区专题性的研究，如福建和浙江两省区调队在国内率先采用火山岩石学和地层学相结合的制图方法（习称"双重制图法"），从而使火山岩区地质调查摆脱了沿用沉积岩区工作方法的传统习惯。70年代，长江中下游地区开展了"宁芜玢岩铁矿"会战，70年代初陶奎元等首次在国内开展了火山构造范围内的填图（宁芜盆地娘娘山组火山岩，比例尺1∶1万），80年代扩大到大型火山构造填图（浙西桐庐火山构造洼地，比例尺1∶2.5万），90年代开展了大面积火山岩区填图研究（浙东括苍山火山构造组合群体，比例尺1∶5万），期间先后发表（出版）了多篇（部）重要论著。

　　上述工作使我国在火山岩区的火山活动旋回、火山岩岩石学与分类命名、火山岩相划分标志、火山构造研究与古火山恢复、与火山活动有关的成矿作用等方面，均取得了重要进展。在此形势下，原地质部于1981年9月在福建省漳州市召开了全国性"火山岩区区调工作方法经验交流会议"，1983年原地质矿产部地质矿产计划管理司组织福建、浙江、安徽、甘肃四省地质矿产局区调队编写了《火山岩区区域地质调查方法指南》，总结了19个省（市、自治区）有关火山岩地区的地质资料以及国内外有关火山岩的研究成果，系统阐明了我国火山岩区中、大比例尺区域地质调查的内容、工作方法、工作程序及资料综合整理、图件编制和报告编写要求等。

　　20世纪90年代，原地质矿产部选择陆相火山地质与矿产调查研究程度最高的东南沿海地区，部署了重点科技攻关项目"中国东南大陆火山地质与矿产"（编号：86017）。该项目由原地质矿产部南京地质矿产研究所负责，浙江、福建、广东三省地质矿产局及有关科研院所等共11个部门、250多位科技人员参加，是我国首次完成的区域性陆相火山岩带的多学科综合性研究，其主要成果包括：①建立了我国陆相古火山学研究的工作体系。②提出了可作区域性对比的火山活动旋回，将东南沿海晚中生代火山活动划分为4个旋回。③确定了火山岩相的鉴别与分类，明晰了古火山岩相及其组合，查明了全区存在 13 种火山岩相及各岩相的火山岩类型。④划分了古火山构造类型体系，提出了三级火山构造分类方案。⑤首次确定了"以高钾钙碱性岩为主体的岩石系列"和"不对称双峰式组合"。

此外，各省（市、自治区）还于 1990 年陆续完成了全国多重地层划分对比及岩石地层清理，出版了分省《岩石地层》专著，对区域火山岩地层进行了系统综合整理。21 世纪初开始的新一轮地质大调查自开展以来，随着 1∶25 万和 1∶5 万区域地质调查工作的推进，我国火山岩区地质调查资料得到了全面更新，取得了一批新成果。

全国矿产资源潜力评价工作过程中，在以往 1∶5 万、1∶20 万和 1∶25 万等各种不同比例尺区域地质调查及相关专题研究的基础上，充分利用已有的"地、物、化、遥"等资料，通过编制火山岩区岩性岩相构造图，系统分析了全国火山岩区火山构造、火山岩相和火山岩地层的特征及其控矿意义，总结了火山岩区成矿地质背景，为全国陆相火山岩区矿产资源潜力评价提供了翔实的火山地质基础资料。

本书就火山岩油气田（藏）的形成及分布进行了探讨，如有不正之处，敬请批评指正！

目录

第一章 国内外火山岩油气勘探重大进展

一、中国火山岩油气田

1959年准噶尔盆地发现克拉玛依石炭系—二叠系火山岩大油田，之后又发现了石西亿吨级大油田和滴西气田。2010年准噶尔盆地发现克拉美丽石炭系火山岩大气田，探明储量达 $2000 \times 10^8 m^3$。

塔里木盆地二叠系玄武岩及凝灰岩见良好油气显示。

2006年在松辽盆地侏罗系火山岩中发现徐深大气田，探明储量约 $1300 \times 10^8 m^3$，另外还发现昌德、升平和汪家屯等气田。2008年松南地区又发现了侏罗系火山岩气田。

苏北盆地金湖凹陷南部（梁兵等，1999）和江汉盆地金家场构造（闫春德等，1996）的下第三系中也发现了火山岩工业油藏。准噶尔盆地下二叠统火山岩储层属风化壳型（代诗华等，1997）。

滨南油田位于渤海湾盆地济阳坳陷东营凹陷的西北缘，储集层为一套数十米厚的安山玄武质熔岩和角砾岩组合，埋深 1700~1800m，溶蚀气孔—裂隙网络为主要的储集空间。根据岩相带状分布规律将爆发—喷溢复合火山锥分为火山口及近火山口、中距离火山斜坡和远火山斜坡三个火山相带。油气富集高产主要受火山相带和构造部位的控制，中距离火山斜坡相带和近断层构造高部位复合地区是火山岩油藏富集高产区。该油藏是一个被断层复杂化的断块油藏。1983年发现下第三系火山岩油藏，1985年投入开发，开发面积为 $2.4 km^2$，当年产油 $23.9 \times 10^4 t$。29口井中有5口井日产百吨以上，这是我国东部投入开发的第一个高产火山岩油气藏。

惠民凹陷是渤海湾盆地济阳坳陷西部最大的次级凹陷，是中生代—新生代断陷盆地。惠民凹陷西部火山岩分布广泛，主要岩石类型为玄武岩、玄武玢岩、凝灰岩和火山角砾岩。中央隆起带西部沙二期火山岩分布广泛，在100km²范围内钻遇玄武玢岩。东部地区沙三段至馆陶组火山岩都很发育。夏14井区沙二期和沙三期火山岩较发育，形成次火山岩的岩浆向上运移，侵入早期地层，使地层厚度局部加大，导致上覆地层上拱，形成侵入上拱构造圈闭。在该井区已找到工业气藏。玉皇庙夏8井区水下火山喷发频繁，在喷发中心附近形成火山锥，东营组二段披覆在夏8井区的火山锥之上，形成披覆构造圈闭。夏8井东二段和夏6井馆陶组的披覆构造圈闭中已发现工业气藏。

1966年，四川盆地威远西部地区WY25井在上二叠统龙潭组钻遇玄武岩工业气流。1992年，四川盆地周公山构造的ZG1井于二叠系玄武岩测试产量为$25.61 \times 10^4 m^3$。2017年，在四川盆地简阳地区针对二叠系火山岩部署了风险探井——永探1井，该井钻遇二叠系火山碎屑熔岩、火山角砾熔岩、凝灰质角砾熔岩，储层类型为孔隙型。该井中途完井测试获天然气流，日产$22.5 \times 10^4 m^3$，实现了四川盆地二叠系火山岩勘探的重大发现，展现了火山碎屑岩气藏的勘探潜力。

二连、海拉尔、苏北、江汉等盆地也发现了具有工业规模的火山岩油气藏。

南海地块新近系发现多个火山岩油气田。

二、国外火山岩油气田

国外火山岩油气田（藏）分布广泛，在中生代—新生代陆相及海相盆地中具有全球性发育的特点：在欧亚大陆和环太平洋地区的美国，发育时代为K_2-N，为陆相夹海相层序（Cries等，1997）；在俄罗斯远东和高加索地区的Sakhalin盆地，发育时代为K_2-N，为海相层序；在俄罗斯远东Kuril岛弧盆地系统，为新生代海相层序和Kura地堑的K_2-N陆相层序（Levin，1995）；在日本的Hokkaido至Honshu，为新生代海相含油气盆地群（Sakata

等，1989；Wakita 等，1983）；在欧洲北海盆地，发育时代为 J–Kz，沉积相为陆相夹浅海相（Stewart and Clark，1999）。下面按油气区域分述。

（一）苏联地区

西西伯利亚地台基底由前寒武纪、加里东及海西期褶皱变质岩系组成，其中有大量火山岩和侵入体。在由地槽向地台发展的过渡阶段，发育有二叠纪、三叠纪火山碎屑沉积的过渡型构造层，然后是中生代—新生代稳定地台型沉积，主要含油气岩系为中生界。

堪察加半岛面积为 $24 \times 10^4 km^2$，属新生代褶皱区，构造上分为西部、东部、中部三个盆地，其间被两个隆起带所分割。其中的东堪察加盆地包括大陆架区面积为 $17 \times 10^4 km^2$，新生代沉积岩及火山碎屑岩厚 8~10km，断裂及线性褶皱发育，古近系、新近系在井下均见油气显示，油气主要赋存在中基性火山中。

通古斯盆地位于东西伯利亚地台区，盆地充填分三大构造层：下构造层包括上元古界及中—下古生界；中构造层为晚古生界及三叠纪陆相火山—沉积建造，发育有千余米的基性火山岩—沉积岩系；上构造层为中生代陆相及部分海相地层。其含油气岩系范围较广，包括里费依系（前寒武纪晚期地层单元，相当于中国震旦系下部）—白垩系。

塔吉克盆地位于南天山海西褶皱带、帕米尔—兴都库什山阿尔卑斯褶皱带和土兰地台交汇处，面积为 $13 \times 10^4 km^2$。基底古生界变质岩之上为侏罗纪—早第三纪地台型沉积及晚第三纪—第四纪造山建造两大构造层，其中夹有中生代—新生代火山岩和火山角砾岩。砂岩、裂缝型石灰岩和火山岩产油，单井日产 3~50t。

北高加索盆地位于大高加索山脉以北，面积为 $35.8 \times 10^4 km^2$，包含斯基夫地台及高加索山前坳陷。海西期褶皱基底之上为二叠纪—三叠纪的碎屑岩、火山碎屑岩及碳酸盐岩，厚度大于 5000m。自 1893 年至今共发现油气田 210 个，最高年产油达千万吨。

库拉盆地属南里海盆地的西部，位于大、小高加索山脉之间，地处阿塞拜疆和格鲁吉亚共和国及里海西北大陆架，面积为 $20 \times 10^4 km^2$（水域 $12 \times 10^4 km^2$），沉积盖层为白垩系和古新统沉积岩及火山岩，厚 7000~9000m。1971 年在陆上下库拉区发现了第一个白垩系油田（穆拉德汉雷油田），证实了中生界火山岩的含油气潜力。阿塞拜疆穆拉德汉雷油田位于阿塞拜疆油气区的下库拉盆地东部，油气主要产于潜山顶部的喷发岩（粗面玄武岩及安山岩）中。油藏剖面图显示，侵蚀面以上为喷发岩油藏，储集岩为白垩系—第三系的凝灰质砾岩、安山岩。岩心分析资料表明，喷发岩的孔隙度为 10%~16%，基质渗透率实际上接近 0，油井获得较高产量与裂缝有关，单井日产最高达 500t。

上述火山岩孔缝洞、火山岩和结晶岩风化壳类油气藏的特点与中国大东北油气区相似。从苏联中生代—新生代油气勘探的经验来看，中生代—新生代的走滑盆地油气富集程度高，其油气富集的原因主要有：高沉降速率非补偿沉积、缺氧还原条件、断裂深切地壳导致岩浆和火山活动发育、高地温场以及早期盆地内部的"同生凸起"和晚期构造反转作用等。值得注意的是，火山岩的出现是地壳深切割和大规模拗陷的开始，同时也带来了高地温场，对于中生代—新生代成烃作用是有益的。另外，火山岩储层产能变化大是一种普遍规律，可能是由于其储层的高度非均质性所决定的。

（二）北美地区

北美大陆中部为稳定的陆台，由加拿大—格陵兰地盾和中央地台组成；北部为富兰克林地槽，东、西两侧为阿巴拉契亚—沃契塔地槽和科迪勒拉地槽。后两组地槽在南部交汇，外侧形成中生代以来下沉最活跃的墨西哥湾，目前仍继续沉陷。在全球构造中，北美大陆为北美板块的主体，板块西界与东太平洋及胡安德富卡板块挤压冲撞，南段为加利福尼亚湾的扩张和剪切的联合以及圣安德烈转换性的走滑断层，东部以扩张性的大西洋中脊为边缘。

太平洋海岸地区为海沟和火山群岛组成的优地槽，属大陆和大洋之间的俯冲（消减）带，在侏罗纪末—中白垩世发生强烈的变形、变质、火成侵入体活动和广泛的侵蚀。经过早白垩纪的回返，地槽转化为高地，只在西部有残余海的沉降槽地。早第三纪沉积时，有大规模的海底（西部）和陆上（东部）火山活动。晚第三纪则为块断的盆地和山脉，最后普遍抬升成为现今的构造面貌。

加州盆地处在太平洋东岸边缘褶皱带的中南段。侏罗纪末的构造运动使早中生代地槽回返，发生强烈挤压形成的内华达山系及其以西的沉陷带在接受白垩纪沉积后又普遍上升，并有大规模花岗岩侵入。第三纪时在块断的基础上形成许多山间盆地，基底以前白垩纪的变质岩和花岗岩为主。盆地东北部有新生代火山岩，该区断裂发育，以圣安德烈斯断裂带为主体，长960km，属北西向的走滑断层。这些构造—火山事件对盆地和油气藏的形成起了重要作用。白垩系—第三系为加州盆地主力产油气层，储集岩主要为砂岩、裂隙性燧石层、页岩、火山岩和变质基岩，圈闭类型多，75%为构造油气藏或构造—岩性油气藏。目前探明原油可采储量$30 \times 10^8 t$，天然气储量$9100 \times 10^8 m^3$。

美国落基山油气区位于美国中西部，包括蒙大拿州、怀俄明州、科罗拉多州和犹他州，以及新墨西哥州、亚利桑那州、内布拉斯加州、南达科他州、北达科他州的一部分，面积约为$260 \times 10^4 km^2$。该区油气勘探始于19世纪60年代，在150余年的勘探历史中，共发现293个油气田，石油可采储量大于$13 \times 10^8 t$，天然气储量为$10800 \times 10^8 m^3$。该区构造上处于北美地台和科迪勒拉地槽之间的斜坡带，可分为四个部分：逆掩断层带、大褶皱带、高原区和大草原区。其中逆掩断层带从加拿大落基山脉东侧进入，沿香草隆起以西，于蒙大拿州折向南，经绿河盆地西缘、盐湖城、至亚利桑那州西部被第三系火山岩所覆盖；断层带以西为中生代和古生代地槽区，第三系火山岩发育，其中的内华达盆地发育第三系火山岩油田。

（三）欧洲地区

北海盆地是中欧地台区的一部分，是欧洲的主要油气聚集区。基底北部为加里东褶皱，南缘是海西褶皱，中段东侧从挪威南部至丹麦北部为前寒武系结晶基岩。上古生界盖层受海西运动的影响，前二叠系在北部为泥盆系老红砂岩，向南逐渐变新，从下石炭统的碳酸盐岩至上石炭统的煤系。南部海西褶皱带前缘，上石炭统煤系特别发育。从二叠纪至早白垩世，经历过早二叠世和中侏罗世末两次断裂活跃期，同时伴随基性火山岩喷发；之后为强烈下沉期，沉积了上二叠统的蒸发岩和上侏罗统至下白垩统的厚层页岩。晚白垩世至第三纪则为区域沉降期，盆地整体下沉。二叠系不整合在前寒武系至石炭系之上。当时南北向和北西向张性断层活跃，在维京地堑西侧，断层和中央地堑切过中北海隆起处有基性火成岩活动，在奥克附近有玄武岩流存在。侏罗系厚度一般不超过千米，中侏罗世末发生明显的块断作用，高断块受到侵蚀，维斯特兰隆起此时升起，维京地堑形成。扭性断层和张性断层的互相切割导致在福蒂斯和派普尔有火山岩发育。第三纪盆地整体沉降一直至今，堆积厚度很大，同时由于大西洋北部断开，苏格兰西部大量火山活动，北海第三系下部夹有凝灰岩。晚始新世起，这些物源区成为大西洋的一部分，全区为细碎屑沉积。

欧洲北海盆地与我国东部，尤其是东北地区的盆地有三个共同点：一是都以中、新生代充填序列为主体；二是都经历了断陷与坳陷相互交替的演化历史；三是在每一期成盆作用早期都有火山岩发育。北海盆地晚古生代以来的发育史为两次大的裂开—沉降旋回。裂开活跃期伴随火山活动，发育良好的储集层；沉降期形成良好的生油层和盖层。

北海盆地的油气分布规律为：生油区确定含油气性，储集层确定油气田的丰富程度，构造确定圈闭类型。其中，决定油气分布的核心问题是烃源岩所确定的生油气区范围。而烃源岩的形成又与火山活动密切相关，往往在大规模的火山活动之后、盆地经历持续沉降的过程中发育一定规模的有效烃源岩。

注重火山岩在盆地形成演化的位置，加强火山活动与成盆、成烃、成藏关系的研究，从而把握油气形成分布的宏观规律，是北海油气勘探的成功经验。我国东北地区中、新生代盆地发育过程中都有火山岩出现，这与欧洲北海盆地相似，只是目前对我国东北地区含油气盆地中火山岩在盆地发育过程中的作用、意义及其与烃源岩的关系尚不十分清楚，所以借鉴北海盆地的勘探经验具有实际意义。

（四）国外其他地区

除苏联、北美和欧洲外，国外火山岩油气藏在日本、印度尼西亚、古巴、墨西哥、阿根廷、加纳及巴基斯坦等国均有发现（表1-1）。特别是日本的新潟盆地已发现30多个油气田，最大的吉井—东柏崎气田可采天然气储量为 $118 \times 10^8 m^3$。日本新潟地区的东新潟气田和颈城油气田古近系"绿色凝灰岩"油藏是在火山岩形成的古隆起上继承发展起来的背斜油气藏。

表1-1　世界火山岩油气藏分布及主要特征（据张子枢，1994）

国家	油气藏名称	发现年代/年	层位	油气层				
				岩石类型	深度/m	厚度/m	孔隙度/%	渗透率/$10^{-3}\mu m$
日本	见附	1958	新近系（N）		1515~1695 1570~2020	100	20~25	10~42
	富士川	1964	新近系（N）		2180~2370	57		150
	吉井—东柏崎	1968	新近系（N）		2310~2720	111		1
	片贝	1960	新近系（N）		750~1200	139		
	南长岗	1978	新近系（N）			约几百		1~20
印度尼西亚	贾蒂巴朗	1969	古近系（E）		2000	15~60		受裂缝控制
古巴	哈其包尼科	1954	白垩系（K）		330~390	100		
	南科里斯塔列斯	1966	白垩系（K）		800~1100	100		
	古那包	1968	白垩系（K）		800~950	150		
墨西哥	富贝罗	1907	古近系（E）					
阿根廷	赛罗—阿基特兰	1928	白垩系—古近系（K-E）		120~600	75		
	图平加托		白垩系—古近系（K-E）		2100		20	
	帕姆帕—帕拉乌卡		三叠系（T）					

续表

国家	油气藏名称	发现年代 /年	层位	油气层					渗透率 / $10^{-3} \mu m$
				岩石类型	深度 /m	厚度 /m	孔隙度 /%		
美国	利顿泉	1925	白垩系（K）		330~420	平均 4.5			
得克萨斯	雅斯特	1928	白垩系（K）		400~500	平均 4.5			
	沿岸平原	1915—1974	白垩系（K）						
	亚利桑那	1969	古近系 + 新近系（E+N）	正长岩，粗面岩	850~1350	18~49	5~17		0.01~25
美国	内达华	1976	古近系 + 新近系（E+N）	凝灰岩	2000				
	格鲁吉亚	1974—1982	古近系 + 新近系（E+N）	凝灰岩	2500~2700		0.1~14		0.01~0.1
	萨母戈里—帕塔尔祖利								
苏联	阿塞拜疆	1971	白垩系—古近系（K-E）	凝灰角砾岩，安山岩	2950~4900	100	平均 20.2		0~2.3
	穆拉德汉雷								
	乌克兰	1982	新近第系（N）	流纹—英安凝灰岩	1580	300~500	6~13		0.01~3
	外喀尔巴阡								
加纳	博泰泰气田	1982	第四系（Q）	落块角砾岩	500	125	15~21		

第二章 中国重点地区火山岩的分布

火山岩研究已经有一个多世纪的历史。火山岩作为盆地基底的一部分几乎见于所有盆地，是盆地充填沉积的重要组成部分。火山活动热效应对成烃具有催熟或破坏作用，构造—火山活动对原有油气藏具有破坏、改造和建造等多重效果。熔岩被状的火山熔岩、细粒凝灰岩和沉凝灰岩通常可以成为良好的局部盖层。然而，火山岩在油气勘探中越来越受到重视的主要原因是火山岩的储层价值。由于物性不受或少受埋深的影响，火山岩储层在盆地深层显得比常规沉积储层更优越。在沉积岩—火山岩互层的盆地充填沉积中，火山岩通常作为深层油气的主要储层。火山活动与油气的关系所涉及的内容非常广泛，包括基底、储层、盖层和对成烃的影响等，甚至包括深源非有机成因的烃类和非烃类天然气（Xu 等，1995；Xu 和 Shen，1996；Luo 等，1999；Hu 等，1999）。

（1）前南华纪火山岩主要出露在地块上，如中祁连地块、柴达木地块、中天山地块、冈底斯地块、中甸地块、昌都地块、保山地块等，都有中新元古代变质或轻微变质的火山岩出露，大部分属于古岛弧火山岩，还有一部分属于古裂陷火山岩。

（2）南华纪—震旦纪火山岩（本书采用的南华纪下限为 820Ma）主要出露于扬子地块内部及周缘；在塔里木陆块北缘的柯坪陆块和库鲁克塔格陆块也有南华纪—震旦纪双峰式火山岩出露，夹于陆源碎屑浊流沉积之中，且与冰海沉积伴生；在伊犁地块北缘果子沟一带的南华纪—震旦纪地层中也有火山岩。上述火山岩总体表现为双峰式组合，可能与 Rodinia 超大陆裂解有关，被视为超大陆裂解的前兆（夏林圻等，2002）。

（3）早古生代火山岩主要出露于秦祁昆造山系，在东西昆仑造山带、祁连造山带、秦岭造山带都有出露，以增生楔火山岩组合与弧盆系火山岩组合为主，构成规模宏大的秦祁昆多岛弧盆系。在天山—兴蒙造山系也有该期火

第二章 中国重点地区火山岩的分布

山岩出露，但明显少于晚古生代火山岩。

（4）晚古生代火山岩中，泥盆纪火山岩在天山—兴蒙造山系、秦祁昆造山系都有出露，主要为后造山火山岩组合。例如，以北祁连造山带河西走廊一带的中晚泥盆世老君山组中夹有大陆溢流玄武岩，柴北缘牦牛山组火山岩具有双峰式特征，形成于碰撞造山之后大陆地壳由挤压转换为伸展的环境中。石炭纪—二叠纪火山岩主要出露于天山—兴蒙造山系，其次在秦祁昆造山系的东西昆仑造山带也集中出露，是构成天山—兴蒙石炭纪—二叠纪多岛弧盆系的主体火山岩岩石构造组合。此外，在羌塘—三江造山系、班公—双湖—怒江对接带、雅鲁藏布江俯冲增生杂岩带中也有出露，但大多以构造岩块形式卷入到俯冲增生杂岩带中。二叠纪火山岩以峨眉山玄武岩事件最为著名，其波及范围除上扬子陆块西部的川、黔、滇、桂外，还波及羌塘—三江造山系东部的川西、滇西地区，如大石包组玄武岩及其相当层位的玄武岩等，其产出的地理环境不仅有陆相，也有海相，这一大规模玄武质岩浆活动被认为是与地幔柱活动相关的大火成岩省事件。值得关注的是，在冈底斯地块上也有二叠纪玄武岩出露，可能与冈瓦纳大陆的裂解相关。

（5）三叠纪—新生代火山岩大多为陆相火山岩，主要出露于两大区域：①中国西南的羌塘—三江造山系、班公—双湖—怒江对接带、冈底斯—喜马拉雅造山系，以火山岩组合、增生楔火山岩组合、后碰撞火山岩组合为主，构成中国境内中新特提斯多岛弧盆系，以及同碰撞弧火山岩组合和后碰撞橄榄安粗岩系列火山岩组合。需要特别指出的是，伴随着青藏高原特提斯—喜马拉雅造山系的扩展和岩石圈增厚，后碰撞火山岩已经波及塔里木陆块南缘的西昆仑、河西走廊及甘肃的岷县、礼县、西和一带。②中国东部滨太平洋活动陆缘带，集中出露于鄂尔多斯—四川盆地以东的大陆、陆缘和海岛，与大致同期的侵入岩在时空上相伴产出，共同构成中国东部大陆巨型中生代陆缘岩浆弧。伴随着俯冲带的向洋迁移，中生代岩浆弧之上常常叠加有晚期断陷盆地，盆地内可出现典型的双峰式火山岩组合或大陆溢流玄武岩组合。中国东部濒临西太平洋，至今仍处于洋陆演化阶段，远没有形成碰撞造山系，

- 11 -

仅局部由于弧陆碰撞或弧弧碰撞而形成一些小规模的俯冲增生杂岩带，如那丹哈达岭及台湾东部海岸地带。需要注意的是，环太平洋构造域、古亚洲构造域和特提斯构造域就造山作用而言，环太平洋构造域是一个正在进行的造山作用过程，正处于洋陆转换之中，古亚洲构造域的造山作用也已结束，而特提斯构造域则介于二者之间，尚有部分未完成洋陆转换（如东南亚的印度尼西亚群岛等）。除了上述两大区域外，中新生代火山岩还零星出露于西北地区，以陆相火山岩为主，以安山岩—英安岩—流纹岩组合为主，可能形成于后造山构造环境。

总之，中国先后经历了长城纪、南华纪、早古生代、晚古生代及中新生代五次主要火山活动。

一、松辽盆地火山岩

松辽盆地盆缘火山岩分布十分广泛，根据 127 口探井钻探资料可知其主要为石炭纪—二叠纪及中生代火山岩。松辽盆地盆缘火山岩经历多次喷发，火山岩类型齐全、分布复杂（表 2-1）。

二、华北地区火山岩

（一）太古界（Ar）

变质岩系在太古界广泛分布，岩性复杂，变质程度深，多为混合花岗岩、混合岩、变粒岩、斜长角闪岩、片岩、片麻岩等。

（二）元古界（Pt）

盆地内尚未钻遇下元古界辽河群，中、上元古界在盆地内均有钻遇。其中，中、上元古界以浅变质海相碳酸盐岩及碎屑岩为主。

表2-1　松辽盆地徐家围子断陷岩性类型

结构大类	成分大类	基本岩石类型	特征矿物组合 碎屑组分
熔岩结构	基性 $SiO_2$45%~52%	玄武岩、气孔杏仁玄武岩	基性斜长石、辉石、橄榄石
	中基性 $SiO_2$52%~57%	玄武安山岩、玄武粗安岩	中基性斜长石、辉石、角闪石
	中性 $SiO_2$52%~63%	安山岩	中性斜长石、角闪石、黑云母、辉石
	中酸性 $SiO_2$63%~69%	粗面岩、粗安岩	碱性长石、中性斜长石、黑云母、辉石
		英安岩	中酸性斜长石、石英、碱性长石、黑云母、角闪石
	酸性 SiO_2>69%	流纹岩、碱长流纹岩	碱性长石、石英、酸性斜长石、黑云母
玻璃质结构		球粒流纹岩、气孔流纹岩、泡流纹岩	碱长石、石英、酸性斜长石、黑云母、角闪石
	一般为酸性，基性、中性都有 SiO_2>63%	珍珠岩、黑曜岩、松脂岩、浮岩；依据化学成分分为流纹质、安山质、玄武质等	常见石英和长石斑晶（雏晶），亦可见黑云母、角闪石、辉石、橄榄石等斑晶
熔岩结构 碎屑熔岩结构	基性 $SiO_2$45%~52%	玄武质（熔结）凝灰、角砾、集块熔岩	基性斜长石、辉石、橄榄石
	中性 $SiO_2$52%~63%	安山质（熔结）凝灰、角砾、集块熔岩	中性斜长石、角闪石、辉石、黑云母
	中酸性 $SiO_2$63%~69%	英安质（熔结）凝灰、角砾、集块熔岩	中酸性斜长石、石英、碱性长石、黑云母、角闪石

火山熔岩类（熔岩基质中分布的火山碎屑<10%，冷凝固结）

火山碎屑熔岩类（熔岩基质中的火山碎屑>10%，冷凝固结）

续表

结构大类		成分大类	基本岩石类型	特征矿物组合 碎屑组分
火山碎屑熔岩类（熔岩基质中分布的火山碎屑 >10%，冷凝固结）	熔岩结构 碎屑熔岩熔岩结构	酸性 SiO₂>69%	流纹质（熔结）凝灰、角砾、集块岩	碱性长石、石英、酸性斜长石、黑云母、角闪石
	隐爆角砾结构	基性—中性—酸性	玄武质隐爆角砾岩	基性斜长石、辉石、角闪石
			安山质隐爆角砾岩	中性斜长石、角闪石、黑云母、辉石
			粗安质隐爆角砾岩	碱性长石、中性斜长石、黑云母、辉石
			流纹质隐爆角砾岩	碱性长石、酸性斜长石、黑云母
火山碎屑岩类（火山碎屑 >90%，压实固结）	火山碎屑结构	基性 SiO₂ 45%~52%	玄武质凝灰、角砾、集块岩	基性斜长石、辉石、橄榄石
		中性 SiO₂ 52%~57%	玄武安山质角砾岩	中基性斜长石、辉石、角闪石
		中酸性 SiO₂ 52%~63%	安山质凝灰、角砾、集块岩	中性斜长石、石英、角闪石、黑云母、辉石
		中酸性 SiO₂ 63%~69%	英安质凝灰、角砾岩	中酸性斜长石、石英、碱性长石、黑云母、辉石
		酸性 SiO₂>69%	流纹质（晶屑玻璃）凝灰岩	碱性长石、石英、酸性斜长石、黑云母、角闪石
沉火山碎屑岩类（火山碎屑为 50%~90%，压实固结）	沉火山碎屑结构	蚀变火山灰 通常 SiO₂>63%	沸石岩、伊利石岩、蒙脱石岩、膨润土	沸石、伊利石、蒙脱石
	碎屑 <2mm	火山碎屑为主	沉凝灰岩	火山灰（岩屑、晶屑、玻屑、火山尘）外碎屑（石英、长石）
	碎屑 >2mm		沉火山角砾、集块岩	火山弹、火山角砾、火山集块、外来岩屑

续表

结构大类		成分大类	基本岩石类型	特征矿物组合 碎屑组分
沉积岩（火山碎屑<50%，当火山碎屑含量为10%~50%时冠以凝灰质××岩）	碎屑结构 碎屑>2mm	陆源碎屑为主，火山碎屑为辅	砾岩	岩屑、长石、石英
	碎屑结构 碎屑0.0063~2mm		砂岩	长石、石英、岩屑、云母、黏土矿物
	碎屑结构 碎屑0.0039~0.0063mm		粉砂岩	石英、长石、云母、黏土矿物
	泥状结构 碎屑<0.0039mm	黏土质、有机质	泥岩、页岩、油页岩	黏土矿物、石英、长石、碳酸盐矿物、黄铁矿
			煤	有机显微组分、黏土矿物、碳酸盐
浅成岩	结晶结构	基性	辉绿岩	基性斜长石、辉石、橄榄石
		中性	闪长玢岩、正长斑岩	中性斜长石、碱性斜长石、角闪石、黑云母、辉石
		酸性	花岗斑岩	碱性长石、石英、酸性斜长石、黑云母、辉石
深成岩	结晶结构	基性	辉长岩	基性斜长石、辉石、橄榄石
		中性	闪长岩、正长斑岩	中性斜长石、碱性斜长石、角闪石、黑云母、辉石
		酸性	花岗岩	碱性长石、石英、酸性斜长石、黑云母、角闪石
变质岩	变余结构	板岩类	砂质板岩、泥质板岩、炭质板岩	砂质、泥质、炭质
		千枚岩类	绢云母千枚岩、绿泥石千枚岩	绢云母、绿泥石、石英、阳起石、钠长石
		片岩类	云母片岩、绿片岩、石英片岩	云母、绿泥石、石英、长石
		片麻岩类	长英质片麻岩	钾长石、斜长石、石英、云母、角闪石
	碎裂、糜棱结构	动力变质岩类	碎裂岩、糜棱岩	石英、长石、绢云母、绿泥石

注：①分类表中 SiO$_2$ 含量的划分区间根据 1989 年国际地质科学联合会推荐的火山岩 TAS 分类方案划分：基准岩 SiO$_2$ 45%~52%，中基性岩 SiO$_2$ 52%~57%，中性岩 SiO$_2$ 57%~63%，中酸性岩 SiO$_2$ 63%~69%，酸性岩 SiO$_2$>69%。②火山碎屑的粒级划分：火山集块>64mm，火山角砾 2~64mm，火山凝灰<2mm。碎屑含量均指火山碎屑的体积含量百分比。③"特征矿物组合"在火山熔岩或火山碎屑岩中特指斑晶矿物组合，在火山碎屑岩中特指晶屑的矿物组合。

（三）古生界（Pz）

古生界寒武系由石灰岩、砂岩、粉砂岩和页岩组成；奥陶系由厚层石灰岩、白云岩夹页岩组成，顶部为长期出露地表形成的碳酸盐岩古风化壳，为区域性不整合面；上覆石炭系为砂岩、页岩夹煤层、薄层灰岩；二叠系与石炭系近似，但厚度明显增大。

（四）中生界（Mz）

盆地内中生界缺失三叠系和中、下侏罗统，发育上侏罗统和白垩系。上侏罗统小东沟组发育火山角砾岩、砾岩、花岗角砾岩、灰质角砾岩；下白垩统义县组发育大段中酸性和基性火山岩，由英安岩、英安质凝灰岩、晶屑凝灰岩、安山岩、蚀变安山岩、安山质角砾熔岩、集块岩、安山质凝灰岩、黑云母安山岩、流纹岩、玄武岩等组成；下白垩统还发育含煤碎屑岩系。

（五）新生界（Kz）

新生界先后沉积了古近系房身泡组、沙河街组四段上亚段、沙河街组三段、沙河街组二段、沙河街组一段，东营组；新近系馆陶组、明化镇组和平原组。

1. 古近系发育的地层（图2-2）

1）房身泡组（$E_{1-2}f$）

玄武岩段（$E_{1-2}f_1$）：岩性以玄武岩、辉石玄武岩、橄榄玄武岩、蚀变玄武岩夹泥岩为主。该段玄武岩在盆地内沿北东向呈带状分布。

泥岩段（$E_{1-2}f_2$）：以暗紫红色泥岩为主，局部变为玄武质、凝灰质泥岩。

2）沙河街组（$E_{2-3}s$）

（1）沙河街组四段（E_2s_4）。

盆地内仅有沙河街组四段上部地层，缺失中、下部地层，该段地层自下而上可分为三个岩性段。

泥岩夹玄武岩段：岩性以泥岩为主，夹玄武岩、薄层泥灰岩和白云质灰岩。

高升油层段：岩性以泥岩为主，薄层油页岩、泥灰岩、鲕粒灰岩、泥晶灰岩、粒屑灰岩夹薄层砂岩。

杜家台油层段：岩性为砂岩、砂砾岩与泥岩互层。

（2）沙河街组三段（E_2s_3）。

沙河街组三段为大段灰黑、褐灰色泥岩，盆地边缘底部多为粗碎屑冲积扇或扇三角洲砂砾岩。盆地中心部位底部为灰黑色泥岩夹油页岩、钙质页岩，中、下部在三个凹陷均以大段泥岩为主，常有不稳定的透镜状浊积砂砾岩夹层。

（3）沙河街组二段（E_3s_2）。

沙河街组二段岩性以砂砾岩、长石砂岩和钙质砂岩为主，局部地区见长石砂岩夹泥岩。

（4）沙河街组一段（E_3s_1）。

沙河街组一段岩性以泥岩为主，与砂岩、砂砾岩不等厚互层，中部夹褐色油页岩、生物石灰岩、鲕灰岩薄层，下部钙质页岩发育，局部地区见泥灰岩、白云质石灰岩夹层。

3）东营组（E_3d）

东营组岩性以泥岩、砂质泥岩与砂岩、长石砂岩、砂砾岩、含砾砂岩互层为主。

2. 新近系（N+Q）发育的地层

1）馆陶组（Ng）

馆陶组岩性为灰白色厚层砂砾岩、含砂砾岩和砾岩，夹少量砂质泥岩，在大平房地区有呈层状分布的黑色玄武岩。

2）明化镇组（Nm）

明化镇组分上、下两段：下部为泥岩、粉砂岩、砂岩、含砾砂岩间互层，上部为含砂砾岩、砂岩为主夹砂质泥岩。

　　3）平原组（Qp）

　　平原组上部为粉砂层夹黏土、砂质钙质黏土层，泥砾层与砂层、砂砾层间互，底部为砂层、含砾粗砂层。

三、下辽河盆地火山岩

　　下辽河盆地自早白垩世至新近纪在地壳张裂过程中伴随大规模的火山活动，在北东向与北西向两组断裂交叉部位形成各种类型的大型火山锥。多期火山岩喷发是下辽河盆地构造活动的重要特征，盆地内不同的凹陷在火山喷发的时间和强度上有一定差异，火山喷发时间和空间分布有明显的规律性（图2-1）。

（一）火山岩的喷发期次

　　该区早第三纪火山活动以房身泡组沉积期最为强烈，根据喷发强度和火山岩时空分布，可分为三期十一次喷发（陈振岩等，1996；梁鸿德等，1992；陈全茂、李忠飞，1998）。

　　1. 第一期岩浆活动（Ⅰ）

　　房身泡组沉积期至沙四段沉积早期为下辽河盆地裂陷扩张期，也是该区岩浆活动延续时间最长、影响范围最广的时期。该期火山岩以偏基性的拉斑玄武岩为主，有三次喷发，以第二次为主喷发期。第一次（房身泡组早期，可能包括晚白垩世）火山活动开始较弱，后逐渐增强，形成火山岩夹砂泥岩层系。第二次（房身泡组晚期）岩浆大量喷发，在界12井与小4井之间火山岩厚达1200m，连续几百米不见砂泥岩夹层。第三次（沙四段晚期）仅见于西部凹陷曙光、高升、牛心坨等局部地区。

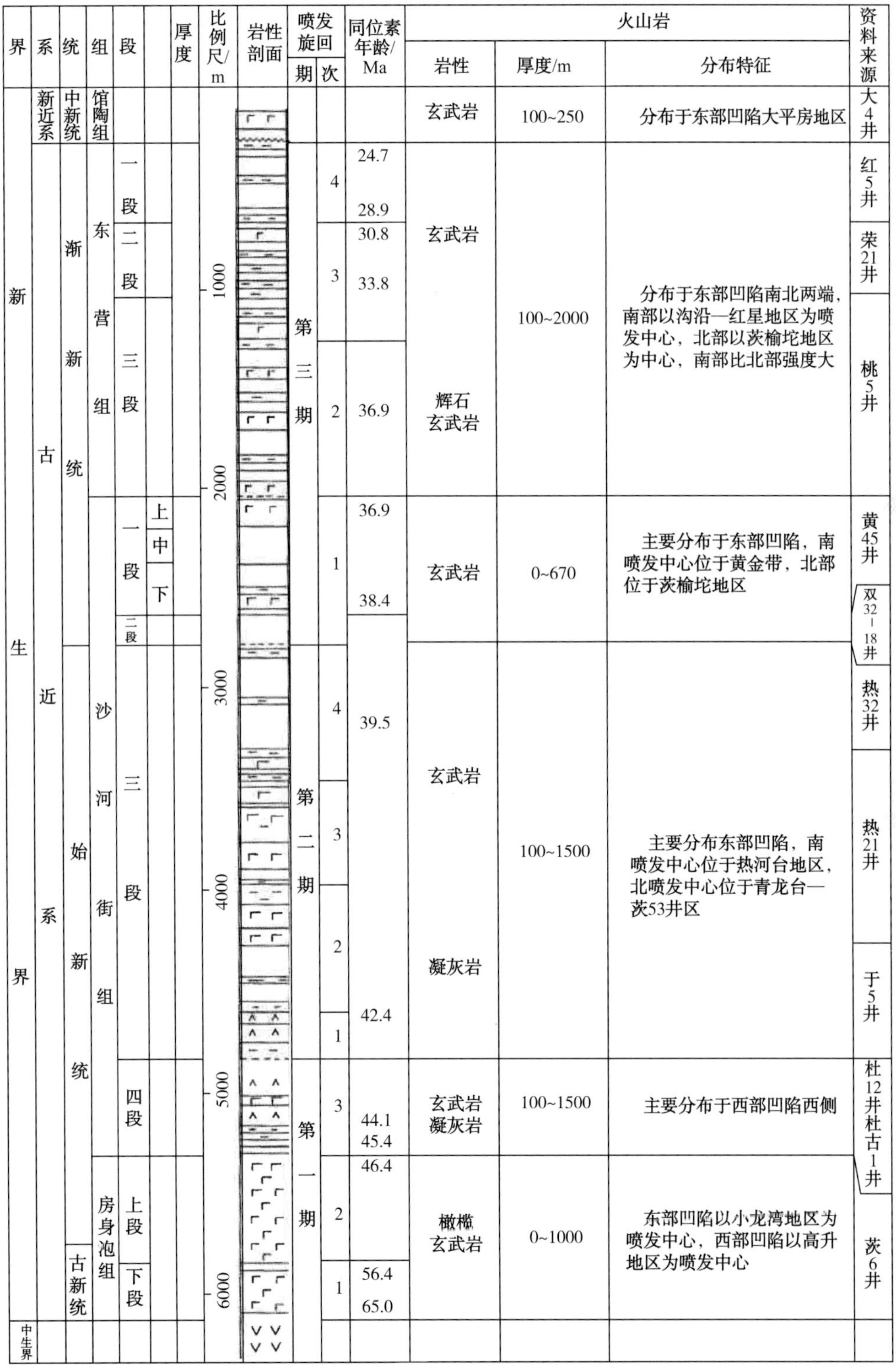

界	系	统	组	段	厚度	比例尺/m	岩性剖面	喷发旋回 期	次	同位素年龄/Ma	火山岩 岩性	厚度/m	分布特征	资料来源
新生界	新近系	中新统	馆陶组								玄武岩	100~250	分布于东部凹陷大平房地区	大4井
	古近系	渐新统	东营组	一段		1000		第三期	4	24.7 28.9	玄武岩			红5井
				二段					3	30.8 33.8		100~2000	分布于东部凹陷南北两端，南部以沟沿—红星地区为喷发中心，北部以茨榆坨地区为中心，南部比北部强度大	荣21井
				三段		2000			2	36.9	辉石玄武岩			桃5井
		始新统	沙河街组	一段 上中下					1	36.9 38.4	玄武岩	0~670	主要分布于东部凹陷，南喷发中心位于黄金带，北部位于茨榆坨地区	黄45井
				二段		3000								双32-18井
				三段		4000		第二期	4	39.5	玄武岩			热32井
									3		凝灰岩	100~1500	主要分布东部凹陷，南喷发中心位于热河台地区，北喷发中心位于青龙台—茨53井区	热21井
									2					于5井
									1	42.4				
				四段		5000		第一期	3	44.1 45.4	玄武岩凝灰岩	100~1500	主要分布于西部凹陷西侧	杜12井 杜古1井
		古新统	房身泡组	上段					2	46.4	橄榄玄武岩	0~1000	东部凹陷以小龙湾地区为喷发中心，西部凹陷以高升地区为喷发中心	茨6井
				下段		6000			1	56.4 65.0				
中生界														

图2-1　下辽河盆地古近系综合柱状剖面图

2. 第二期岩浆活动（Ⅱ）

该期岩浆活动发生在沙三段沉积期（即下辽河盆地裂陷阶段深陷期），比第一期强度明显减弱，火山岩分布范围也小于第一期。该期有四次喷发，以第三次为主喷发期；火山岩以强碱性玄武岩和粗面安山岩为主，呈薄层状夹于砂泥岩地层。第一次（沙三段早期）喷发仅见于小龙湾地区，由1~2层玄武岩组成，单层厚度10~30m。第二次（沙三段早中期）喷发强度与第一次相近，但喷发中心往北向牛居—青龙台地区、往南向热河台地区转移。第三次（沙三段中晚期）喷发强度大，火山岩分布于牛居—青龙台和黄金带—热河台地区。

3. 第三期岩浆活动（Ⅲ）

该期活动发生于裂陷阶段的衰减—再拗陷期，即沙一段沉积早期到东营组沉积末期。该期有四次喷发，以第三次为主喷发期，岩浆活动略强于第二期，火山岩以碱性玄武岩为主，产状主要为层状。该期火山岩稳定分布，范围大，尤其在东部凹陷广泛发育。第一次（沙一期）喷发强度弱，由下、中、上三层薄层火山岩组成，分布于牛居和黄金带及其以南地区，一般下段比较发育，单层厚度10~30m不等。第二次（东三段早中期）喷发见于桃园、红星和大平房一带，由3~4层玄武岩组成，单层厚30~50m。第三次（东三晚期—东二期）喷发强度大，分布面积比较广，不仅见于茨榆坨、牛居地区，而且大片覆盖黄金带至荣兴屯一带，一般由四大层火山岩组成，单层厚度可达50~100m。第四次（东一期）喷发范围与前次相似，但强度明显减弱，由1~2层火山岩组成，厚度20~30m。

根据梁鸿德等（1992）以产出层位为划分喷发期次和时间段的依据，以火山岩喷发时代剖面为基础，建立了古近系时间剖面（表2-2）。

（二）火山岩地层

1. 房身泡组
房身泡组火山岩均沿着北东向断裂分布，每个凹陷有一个喷发中心。西部凹陷主喷发中心位于高升地区，目前钻井资料揭示最大厚度为1204m且未钻穿（高参1井），从中心向四周减薄并分为三支向南北延伸，西支位于西部斜坡带，大致沿着中生代发育、延伸至新生代早期仍在活动的断裂（西八千—高升断层）附近，呈带状分布，火山岩厚100~200m，变化规律是北厚南薄，终止于杜家台一带；北支从高升往北，延伸不远；东支位于台安—大洼断裂带，亦呈带状断续分布，延至大洼地区，厚度一般为100~200m。西部凹陷除高升为喷发中心外，北西向断裂也可能形成火山岩的喷发通道。东部凹陷则以小龙湾地区为主要喷发中心区，小3井揭示火山岩厚度为1123.39m，也是从中心向南北分三支，北支沿茨西断裂分布至四方台附近；东支沿佟二堡断裂分布，北起佟二堡，向南一直延伸到荣兴屯附近；南支沿董3台23井一线分布。其分叉现象不如西部凹陷明显，厚度也较大。

表2-2 下辽河盆地早第三纪地层及火山活动简表

地层时代						火山活动时代				火山岩地质特征	
界	系	统	组	段	界线年龄/Ma	期	次	顶底年龄/Ma	喷发强度	分布范围	产状	单层厚度/m
新生界	新近系	中新统	馆陶组									
	古近系	渐新统	东营组	一	24.6		4	24.7 28.1	较弱	较大	薄层状	20~30
				二	30.8		3	30.8	强	大	薄互层状	
				三	33.5	三	2	36.9	较弱	较大	薄互层状	
			沙河街组	一至二上	36		1	36.9 38.4	较弱	较小	薄层状	
		始新统		三	38	二	2~4 1	39.5 42.4	较强 较弱	较大	薄互层状	
				四上	43		3	44.1 45.4	微弱	较小	薄层状	
		古新统	房身泡组	上	45.4	一	2	46.4	最强	零星	巨厚层状	
				下	54.9		1	56.4 65	强	最大	厚层状	
中生界	白垩系				65			119.6				

东、西凹陷主喷发中心皆位于凹陷中段，两个喷发中心连线为北西向，这个时期火山活动可能是与北西向断裂发育有关。东部凹陷向北分叉，而西部凹陷向南分叉，说明东、西凹陷发育存在一定的差异性。西部凹陷从中心向南火山活动强度大，东部凹陷则向北火山活动强度增强，这似乎与太平洋板块运动、郯庐断裂活动有关，它们控制了辽河盆地新生代火山活动和火山岩的分布。大民屯凹陷则表现为左列式排列，分布范围小，大体沿中生界边界断层分布，厚度一般为100m。

房身泡组时期是辽河盆地火山活动最强烈的时期。

2. 沙河街组四段

下辽河盆地沙四段火山岩主要分布在西部凹陷西侧，大民屯凹陷有零星分布。西部凹陷沙四段火山岩喷发区已从房身泡期的高升地区向南、北方向迁移，形成两个中心。南部以曙68井为中心，范围较小，厚度较薄，最厚为87m，一般为10~20m；北部呈条带状沿北东向展布，长度大约35km，厚度薄，一般小于10m，最厚达39m（高81井）。

从沙四期火山岩活动状况来看，较前期明显减弱，盆地进入稳定沉降状态。

3. 沙河街组三段

下辽河盆地沙三段火山岩主要分布于东部凹陷，西部凹陷和大民屯凹陷仅零星分布，厚度不大。东部凹陷从前期小龙湾地区已向南、北方向转移，整体沿凹陷中间呈带状分布。凹陷南部喷发中心位于热河台地区，火山岩厚度从热河台向南、北变薄；北喷发中心位于青龙台至茨53井区，向北至茨55井区，厚度较薄，一般为10~30m，可见东部凹陷沙三段时期火山活动较为活跃。

欧利坨子地区有大量的粗面岩喷发，热河台地区发育大量玄武岩，并已有多口井在火山岩层段获工业油流。

该区沙三段发育可划分为三个阶段：第一阶段主要为凝灰岩，5井和欧29井已钻遇；第二阶段广泛发育粗面岩，欧26井和热24井已钻遇；第三阶段主要为玄武岩（蔡国钢，1999）。

4. 沙河街组一、二段

沙河街组一、二段火山岩仍以东部凹陷为主，大民屯凹陷没有火山岩；西部凹陷仅在西八千地区局部有分布，范围小，厚度薄，一般为7~20m，最厚32m。东部凹陷火山活动继续向南北转移，形成南北喷发中心。北部以茨榆坨地区为中心，分布范围小，厚度较薄，最厚为199m（牛34井）。南部喷发中心位于黄金带，分为两支向南伸展，西支向榆树地区、东支向荣兴屯地区延伸，分布范围较大，厚度一般为20~70m，最厚达181m（于34井）。

5. 东营组

东营时期西部凹陷和大民屯凹陷火山活动基本停止，而东部凹陷再次活跃，发育在凹陷南北两端。南部以沟沿—红星地区为喷发中心，形成巨厚的火山岩系，桃6井最厚达828m，沟滩海地区火山岩厚度从中心向四周减薄，总体形态呈条带状，北东向展布。北部仍在茨榆坨地区，大体与沙一期位置相同。东营期南部喷发强度较北部大得多。

6. 新近系馆陶组

下辽河盆地新近系基本上没有火山岩出现，仅在东部凹陷大平房地区有薄层火山岩，分布局限，厚度小，最厚达67.5m（大4井）。

（三）火山岩分布

（1）早期火山岩喷发中心位于凹陷中段，两个喷发中心连线为北西向，这个时期火山活动可能是与北西向断裂发育有关，东部凹陷向北分叉，而西部凹陷向南分叉，说明东、西凹陷发育存在一定差异。西部凹陷从中心向南火山活动强度大，东部凹陷则向北火山活动增强，这似乎反映了太平洋板块向北俯冲和郯庐断裂右行走滑控制了火山岩的分布。大民屯凹陷则表现为雁列式排列，分布范围小，大体沿中生界边界断层分布，厚度一般为100m。

（2）随着时代变新，火山岩喷发中心从凹陷中部向南、北方向转移，东部凹陷更为突出。

（3）火山岩呈带状分布，并有分叉现象，表现出沿深大断裂呈裂隙式喷发的特点。

（4）火山岩从火山口喷溢后向外呈带状分布，越远离火山口，单层厚度越薄，火山岩有多次喷发，持续时间较长。

四、中国西部火山岩

（一）天山—兴蒙火山岩区

该火山岩区新元古代—二叠纪时分隔西伯利亚陆块和塔里木—华北陆块大陆边缘体系，分别形成额尔齐斯火山岩带、索伦山—西拉木伦火山岩带。额济纳中新生代盆地将该构造岩浆岩省分隔为东部、西部两个体系，两者具有明显的不对称性。

1. 西部火山岩

区内变质的中元古代岛弧火山岩较为发育，包括阿尔泰地区苏普特岩群（ChS.），东准噶尔道草沟岩群（ChD.）和扎曼苏岩群（ChZ.），伊犁地块上的特克斯岩群（ChT.）、中天山地块上的星星峡岩群（ChX.）、南天山北缘的阿克苏岩群（CMA.）等长城纪火山岩。新元古代火山岩有伊犁地块北缘果子沟一带的南华纪—震旦纪凯拉克提群（NhZK）大陆溢流玄武岩，与Rodinia超大陆裂解事件有关。寒武纪—早石炭世时发育洋盆，在东天山一带洋盆延续至晚石炭世，形成西部火山岩岩石构造组合。西部包括阿尔泰火山岩带、额尔齐斯火山岩带、塔尔巴哈台—阿尔曼太—北塔山火山岩带、西准噶尔火山岩带、东准噶尔火山岩带、北天山—甘蒙北山火山岩带、伊犁—中天山—旱山火山岩带、南天山—洗肠井—红柳河火山岩带、南天山火山岩带等九个火山岩带。

1）阿尔泰火山岩带

阿尔泰地区以古生代火山岩为主，为奥陶纪—志留纪沉积岩夹火山岩组合。

2）额尔齐斯火山岩带

泥盆系火山岩有阿勒泰镇组（D_2a）和阿舍勒组（$D_{1-2}a$）火山岩，岩石组合以玄武岩—玄武安山岩—英安岩—流纹岩为主。

3）塔尔巴哈台—阿尔曼太—北塔山火山岩带

该火山岩带包括寒武纪—中奥陶世塔尔巴哈台蛇绿混杂岩、寒武纪—奥陶世洪古勒楞蛇绿岩、寒武纪—中奥陶世扎河坝—阿尔曼太蛇绿混杂岩、寒武纪—中奥陶世北塔山绿岩、中晚奥陶世火山岩、志留纪谢米斯台蛇绿岩、晚志留世—早中泥盆世火山岩、晚泥盆世—早石炭世火山岩等。

4）西准噶尔火山岩带

西准噶尔包含有构造侵位的寒武纪—奥陶纪唐巴勒蛇绿岩、玛依勒山弧火山岩亚带，该带残留有中晚奥陶世岛弧火山岩，其南部还有晚志留世—早泥盆世红柳沟群岛弧火山岩，至早石炭世为滞后弧火山岩。

5）东准噶尔火山岩带

该火山岩带可划分为三个火山岩亚带。一是卡拉麦里火山岩亚带，为早中泥盆世及晚泥盆世—早石炭世火山岩。二是卡拉麦里、野马泉—三塘湖火山岩亚带，主要由晚志留世—中泥盆世火山岩、晚泥盆世—早石炭世火山岩构成。三是卡拉麦里南部的将军庙—红柳峡火山岩亚带，该带残留有中晚奥陶世岛弧火山岩，其南部还有晚志留世—早泥盆世红柳沟群火山岩至早石炭世火山岩。

6）北天山—甘蒙北山火山岩带

该带是晚泥盆世时期形成的康古尔塔格组（D_3kg）、罗雅楚山一带墩墩山群（D_3D）火山岩及与沉积充填序列，在康古尔塔格—红石山之南，形成石炭纪雅曼苏—黑鹰山火山岩。

7）伊犁—中天山—旱山火山岩带

该火山岩带包括长城纪特克斯岩群（ChT.）、星星峡岩群（ChX.）等。沿博罗科努山北坡形成晚奥陶世乃楞格勒达坂群（Q_3N）岛弧火山岩。在伊犁地块南缘的夏特一带，寒武纪时期还出现形成于洋中脊环境的 MORB 型玄武岩（钱青等，2007）。伊犁地块南缘及中天山西段南缘形成巴音布鲁克组（$S_{3-4}by$）火山岩。红柳河—洗肠井洋盆向北俯冲，在其北的公婆泉一带形成中晚志留世公婆泉群（$S_{2-3}G$）火山岩。泥盆纪—石炭纪在中天山东段北缘出现石炭纪火山岩，在旱山地块为白山组（$C_{1-2}b$）火山岩，在伊犁地块中央地带还出现早石炭世大哈拉军山组（C_1d）玄武岩—英安岩组合（双峰式火山岩）。

8）南天山—洗肠井—红柳河火山岩带

该带发育晚志留世—中泥盆世火山岩。南天山南缘保留有晚泥盆世含火山岩的火山—沉积组合，在褐岭组（D_3hl）和破城子组（D_3p）发育。红柳河—洗肠井增生楔中，构造卷入公婆泉群（$S_{2-3}G$）火山岩。

东准噶尔及其以北地区处于晚石炭世—早二叠世，整个天山—兴蒙火山岩构造岩浆岩省的西部地区双峰式火山岩发育。

西部火山岩发育自新元古代持续到奥陶纪，包括阿尔泰奥陶纪—志留纪火山岩组合、塔尔巴哈台—阿尔曼太—白塔山火山岩带中以大柳沟组为代表的奥陶纪火山岩、博罗科努一带陆缘沉积盆地中的晚奥陶世奈楞格勒达坂群火山岩、马鬃山一带奥陶纪—志留纪公婆泉群火山岩、北山一带中蒙边界奥陶纪—志留纪火山岩等、东西准噶尔一带晚石炭世火山岩、晚三叠世及早中侏罗世火山岩组合。

2. 东部火山岩

在东部的中西段，还保留有中元古代桑达来呼都克组（Pt_2s）火山岩，在北侧扎兰屯—多宝山一带形成奥陶纪多宝山组（$O_{1-2}d$）、乌滨敖包组（$O_{1-2}w$）及巴彦呼舒组（O_2b）火山岩和泥盆纪—早二叠世火山岩。

（二）塔里木火山岩带

塔里木火山岩带包括塔里木陆块、敦煌陆块和阿拉善陆块，可以划分成塔里木北缘火山岩带、塔西南及塔南缘火山岩带、敦煌陆块北缘火山岩带和阿拉善火山岩带。

1. 塔里木北缘火山岩带

塔里木北缘火山岩带包括柯坪古增生楔（Ch）和古裂陷（NhZ）、塔北隐伏的裂陷火山岩亚带（P）以及库鲁克塔格（Ch）和古裂陷（NhZ）火山岩。最早的火山岩活动出现于长城纪，以杨吉布拉克群（ChY）为代表，是一套含有安山质—流纹质火山岩的沉积—火山建造，可能属于古岛弧或古弧后盆地环境。南华纪—震旦纪以库鲁克塔格群（NhZK）冶冰成碎屑浊流沉积中的双峰式火山岩为代表，构成这一时期的火山岩（夏林圻等，2002），这一时期的裂谷火山岩组合在柯坪陆块上也有分布。最晚的二叠纪火山岩浆活动主要出露于柯坪地区，以早二叠世库普库兹曼组（P_1k）和中二叠世开派兹列可组（P_2kp）为代表，在碎屑岩中夹玄武岩。

另外，塔北石油钻井揭示二叠纪发育玄武岩。

2. 塔西南火山岩带

该火山岩亚带主要有三个时期：第一期是长城纪赛图拉岩群（ChSt.），为碎屑岩夹碳酸盐岩及中基性火山岩；第二期为南华纪塞拉加兹塔格岩群（NhSl.）粗玄岩—流纹岩双峰式组合；第三期火山岩发育在中泥盆世—二叠纪，表现为以双峰式火山岩组合为特征，包括中泥盆世克孜勒陶组（D_2kz）、石炭纪乌鲁阿特组（C_1w）和库尔良组（C_2k）、早中二叠世赛里亚克群（$P_{1-2}S$）和棋盘组（P_2q）。另外，还发育晚三叠世霍尔峡组（T_3h）火山岩和早更新世火山岩。

（三）北祁连火山岩带

北祁连火山岩带发育如下四个时段的火山岩。

第一个时段：为中元古代海源群，在变质的碎屑岩中夹变质中酸性和中基性火山岩，其下部基性火山岩 Sm-Nd 法等时线年龄为 1426Ma（甘肃省1：50 万火山岩专题图件），推测为古岛弧环境。

第二个时段：从震旦纪开始一直延续到志留纪，是北祁连弧盆系的主要火山活动时期，火山岩岩石构造组合类型主要有以下几种：①岛弧火山岩。主要出露于走廊南山一带，包括震旦纪—寒武纪白银岩群（$Z\mathbb{C}B$）、早寒武世黑茨沟组（$\mathbb{C}_1h$）、中晚寒武世香毛山组（$\mathbb{C}_{2-3}xm$）、早奥陶世阴沟群（O_1Y）和车轮沟群（O_1Cl）、中奥陶世中堡群（O_2Z）、晚奥陶世扣门子组（O_3k）等；阴沟群中有形成于洋内弧环境的高镁安山岩，主要出露于甘肃省肃南县大岔达坂一带，是该带火山岩型铜矿的含矿火山岩建造。②弧后盆地火山岩。主要为安山岩组合、玄武岩—安山岩组合、玄武安山岩—安山岩组合，伴随着大量的火山碎屑岩及正常沉积碎屑岩，出露于走廊一带及静宁一带，包括早寒武世黑茨沟组（$\mathbb{C}_1h$）、早奥陶世阴沟群（O_1Y）和车轮沟群（O_1Cl）、中奥陶世中堡群（O_2Z）、晚奥陶世扣门子组（O_3k）、奥陶纪红花铺组（Oh）及张庄组（Ozh）、震旦纪—奥陶纪葫芦河群（ZOH）、早古生代红土堡岩群（$Pz_1Ht.$）和陈家河群（Pz_1Ch）。③弧后裂谷火山岩。为奥陶纪阴沟群（OY）玄武岩—细碧岩—硅质岩组合，伴生有同期的蛇绿岩，主要出露于乌稍岭—老虎山一带（冯益民、何世平，1995、1996）。④弧后前陆盆地火山岩。自下而上分为肮脏沟组（S_1a）、泉沟脑组（S_2q）和旱峡组（$S_{3-4}h$），总体上是一套具有进积型沉积充填序列的双源碎屑浊流沉积，在肮脏沟组中夹有玄武岩、安山岩、细碧岩、角斑岩、英安岩及流纹岩。

第三个时段：为泥盆纪，以老君山组（$D_{1-2}l$）和沙流水组（D_3s）为代表的含大陆溢流玄武岩的具退积型沉积充填序列的碎屑岩。出露于走廊一带，向北扩展到阿拉善南缘。

第四个时段：为新近纪，形成于裂谷环境，以新近纪新民堡组（Nx）橄榄玄武岩为代表，主要出露于河西走廊西段新民堡一带及静宁葫芦河一带。

（四）红柳沟—拉配泉—托莱南山火山岩带

该火山岩带形成于增生楔环境，主要包括两期火山岩。第一期形成于长城纪，为构造卷入的基底变质火山岩系，包括红柳泉组（Chh）和熬油沟组（Cha），具有两种火山岩岩石组合，其一是玄武岩—安山岩组合，夹有超镁铁质岩和镁铁质岩，形成于古老的增生楔环境，出露于红柳沟—拉配泉一带；其二是玄武岩—安山岩组合，形成于古岛弧环境，出露于托莱南山一带。第二期是从蓟县纪开始到早古生代的火山岩，包括蓟县纪木孜萨依组（Jxm）、早中寒武世喀拉大湾组（$\epsilon_{1-2}k$）、早寒武世黑茨沟组（$\epsilon_1 h$）、中晚寒武世香毛山组（$\epsilon_{2-3}Xm$）、早奥陶世阴沟群（O_1Y）等。木孜萨依组和喀拉大湾组出露于红柳沟—拉配泉一带，其余则出露于托莱南山一带，主要为玄武岩—安山岩组合及细碧岩—玄武岩—石英角斑岩—硅质岩组合，其中硅质岩中含大量铁锰结核。

该增生楔内所有岩石地层单元都以构造岩片（块）产出，并紧密伴生有大致同期的蛇绿岩（蛇绿混杂岩）及超高压—高压变质岩（榴辉岩和蓝闪石片岩）。

（1）红柳沟—拉配泉蛇绿混杂岩带：岩块类型有方辉橄榄岩、纯橄岩、堆晶纯橄岩、堆晶辉长岩、易剥辉石岩、辉石岩、枕状玄武岩、块状玄武岩及硅质岩等，基质为糜棱岩化带和片理化带，其中的小岩块或砾石均被压扁拉长，剪切带宽度可达 200~1500m。修群业（2007）和吴峻（2002）分别测得其中的枕状熔岩锆石 U-Pb 法年龄为（448.6±33.3）Ma、512.9~508.3Ma。吴峻等（2001、2002）认为存在 MORB 和 OIB 两种类型蛇绿岩。杨经绥等（2001）在红柳沟一带发现席状岩群墙，为海底扩张提供了有利证据。

（2）红柳沟—拉配泉超高压—高压变质岩带：在红柳沟恰什坎萨依一带出露含蓝闪石白云母石英片岩，$^{40}Ar/^{39}Ar$ 年龄为 541.2~502.9 Ma（刘良等，1998）。刘良等（2012 年未刊资料）对该带原划长城纪巴什库尔干群（ChB）经 La-ICP-MAS 锆石 U-Pb 测年表明，其时代介于 586~300Ma 之间，其中所含高压变质岩（含榴高压泥质片岩、榴辉岩及蓝闪石片岩）的变质年龄为（440±8）Ma，也属于构造卷入的岩片。

（3）托莱南山蛇绿混杂岩带：构成该蛇绿混杂岩带的主体是熬油沟蛇绿混杂岩和玉石沟蛇绿岩。熬油沟蛇绿混杂岩中构造卷入有大量前南华纪变质岩片，以往认为存在中元古代蛇绿岩及蛇绿混杂岩（Zhang Z 等，2000；左国朝等，1999；冯益民等，2002）。然而，近年来陆松年等（2010）测得其中辉绿岩岩块的锆石 SHIRMP 测年数据为（503 ± 6.4）Ma，结合陆松年等（2002）对北祁连蛇绿岩及与其相关的基性火山岩的测年数据统计，表明其时代跨度在 550~444Ma 之间，因此是否存在中元古代蛇绿岩还值得进一步研究。对于玉石沟蛇绿岩，前人已从区域空间展布特征、剖面结构、岩石组成、岩石地球化学、形成的古构造环境等方面进行了详尽的研究（肖序常等，1978；冯益民等，1992、1994、1995、1996；左国朝等，1986、1987；夏林圻等，1991、1996、1999；徐学义等，2008）。

（4）北祁连超高压高压变质岩带：含高压超高压变质岩片和岩块的俯冲杂岩从祁连县的扁麻沟一带一直向东到延伸到百经寺一带，长约 100km（冯益民等，1996；吴汉泉，1980；吴汉泉和宋述光，1992；Wu H 等，1993；宋述光，2009）。蓝闪石片岩中蓝闪石和多硅白云母的 $^{39}Ar/^{40}Ar$ 法年龄为 460~440Ma（Wu H 等，1993），榴辉岩年龄分别为 502~463Ma（宋述光等，2004；宋述光，2009; Zhang J X 等，2007）。

（五）中祁连火山岩带

该带出露有两期火山岩。第一期是长城纪，包括中元古代皋兰群（Pt_2G）和兴隆山群（Pt_2X）、长城纪熬油沟组（Cha）。皋兰群的原岩是一套长英质碎屑岩与基性火山岩组合，暂归古岛弧环境。兴隆山群火山岩岩石组合变化较大，总体上为玄武岩—安山岩—流纹岩组合，形成于古岛弧环境；不排除其中有形成于大洋盆地初始扩张环境的双峰式火山岩（徐学义等，2008b）。熬油沟组的岩石组合为玄武岩—安山岩，形成于古岛弧环境。第二期是早古生代，从寒武纪到志留纪均有火山岩浆活动，按形成环境可分为岛弧、陆缘弧、增生楔三类。岛弧火山岩主要沿中祁连北缘冰沟—红沟一带出露，包括早寒武世黑茨沟组（$Є_1h$）、中奥陶世大梁组（O_2d）、晚奥陶世扣门子组（O_3k）。黑茨沟组为玄武岩—玄武安山岩组合，中晚奥陶世火山岩为安山岩—英安岩—流纹岩组合。陆缘弧火山岩出露在雾宿山一带，中晚奥陶世雾宿山群（$O_{2-3}W$）火山岩是其主体，为变玄武岩—变安山岩—变玄武安山岩组合。增生楔火山岩主要于党河南山—拉脊山一线出露，包括中寒武世深沟组（Є_2s）、晚寒武世六道沟组（Є_2l）、早奥陶世花抱山组（O_1h）和阿姨山组（O_1a）、中奥陶世茶铺组（O_2c）和药水泉组（$Oysh$），其西段还有乌力沟群（O_1Wl）、盐池湾组（O_2y），它们主要为玄武岩—玄武安山岩—安山岩组合，其中不乏蛇绿岩、深水浊积岩和铁锰硅质岩构造岩片（块）。该陆缘弧的形成可能与拉脊山弧后洋盆的俯冲相关。

（六）南祁连火山岩带

该带出露南华纪—志留纪、石炭纪—二叠纪两个时段的火山岩。

南华纪—志留纪包含三期火山岩浆活动。第一期为南华纪—震旦纪麻黄沟组—石英梁组（$NhZm\text{-}s$），出露于全吉微陆块之上，在碎屑岩中夹有形成于裂谷环境的大陆溢流玄武岩，其单颗粒锆石 U-Pb 法年龄为（738 ± 28）Ma（陆松年等，2009）。第二期为中奥陶世盐池湾组（O_2y）玄武岩—安山岩组合，沿哈拉湖以西出露，形成于陆缘弧环境。第三期为志留纪，仅在巴龙贡噶尔组（Sb）具进积型沉积充填序列的碎屑岩中含有空落相凝灰岩，构成前陆盆地或弧后前陆盆地沉积建造。

石炭纪—二叠纪火山岩沿宗务隆山出露，包括晚石炭世—早二叠世土尔根达坂组（C_2P_1t）和早二叠世果可山组（P_1g），为裂谷环境的玄武岩—玄武安山岩组合。

（七）阿帕—芒崖—柴北缘火山岩带

该火山岩带属于增生楔，所有卷入该带的火山岩、非火山岩及蛇绿岩等均以构造岩片（块）产出。属于古老基底岩系的构造岩片有长城纪红柳泉组（Chh）和蓟县纪木孜萨依组（$Jxmz$），前者为英安斑岩—辉绿岩组合，呈潜火山岩产出，后者为拉斑玄武岩—玄武安山岩—安山岩组合，形成于古岛弧环境。伴随着洋壳消减俯冲而大量卷入增生楔的是青白口纪—奥陶纪的火山岩、深水浊积岩、含铁锰硅质岩等构造岩片，包括出露于柴北缘的滩间山群（ЄOT）。构成增生楔的除了上述构造岩片之外，还有蛇绿混杂岩和超高压变质岩，在该带形成阿帕—芒崖蛇绿混杂岩带、柴北缘蛇绿混杂岩带、江孕勒萨依—巴什瓦克超高压变质岩带和柴北缘超高压变质岩带。

（1）阿帕—芒崖蛇绿混杂岩带：构造混杂岩沿两侧边缘出露，主要构造岩片有早古生代碳酸盐岩岩片、火山岩岩片、复理石岩片、构造混杂岩、超基性—基性岩岩块、超基性岩岩块、辉绿玢岩，奥陶纪辉长岩、辉绿岩等，岩片之间以韧性及韧脆性逆冲断裂相隔。其中的基性火山岩属于拉斑玄武岩，与洋中脊玄武岩相似，该带既有深层次的流变和塑性变形，也有韧性和脆韧性变形，据 $^{40}Ar/^{39}Ar$ 法年龄可划分为 461~445.2Ma、414.9~342.8Ma、178.4~137.5Ma、36.4~26.3Ma 等四期构造热事件，说明其具有多期次变形的特点（李荣社等，2008）。

（2）柴北缘蛇绿混杂岩带：在赛什腾山、绿梁山、沙柳河及托莫尔日特一带都有所出露。杨经绥等（2004）在柴北缘的绿梁山—鱼卡一带发现新元古代蛇绿岩，以洋中脊玄武岩和岛弧玄武岩为主，也有少量洋岛玄武岩，其 Rb-Sr 等时线年龄为（768±39）Ma，Sm-Nd 等时线年龄为（780±22）Ma。王惠初等（2003）测得鱼卡一带蛇绿岩中的辉长岩单颗粒锆石 U-Pb 年龄为（496.3±6.2）Ma。

（3）江孕勒萨依—巴什瓦克超高压变质岩带：也称为阿尔金超高压变质岩带，其两侧边界都是韧性剪切带。自刘良等（1996）在该地发现榴辉岩以来，先后有不少地质学家对其进行过研究。刘良等（1999）认为其形成时代已有 500Ma 左右，张建新等（1999）测得江孕勒萨依一带榴辉岩的全岩—石榴子石—绿辉石 Sm-Nd 等时线年龄为（500±10）Ma，呈浑圆状的 4 粒锆石加权平均年龄为（503.9±5.3）Ma。

（4）柴北缘超高压变质岩带：沿柴北缘自西而东展布，在鱼卡河、胜利口附近、锡铁山、阿尔茨托山一带和沙柳河附近都出露有榴辉岩，构成一条长达近 700km 的超高压变质带，陆松年等（2009）称之为鱼卡河—沙柳河高压超高压变质带。众多学者（杨经绥等，1998、2000、2003；张建新等，2000、2003；宋述光、杨经绥，2001；Song S G 等，2003）对该榴辉岩带进行过研究。榴辉岩的原岩既有洋中脊玄武岩，也有岛弧玄武岩和洋岛玄武岩，形成时代为 800~750Ma，超高压变质时代为 495~443Ma（杨经绥等，2000、2003），与杨经绥等（2004）所测柴北缘蛇绿岩的时代较为准确。由此推断，柴北缘大洋岩石圈的深俯冲作用在寒武纪就已经开始，而洋盆远在此之前的南华纪就已经形成。

（八）柴达木南缘火山岩带

沿柴达木南缘出露有三期火山岩，分别形成于弧后盆地、岛弧、后造山、滞后弧四种构造环境。第一期火山岩浆活动出现在奥陶纪，形成祁曼塔格群（OQ）细碧岩—流纹岩组合和细碧岩—玄武安山岩—流纹岩组合，前者沿祁曼塔格山—香日德一带出露，形成于弧后盆地环境，后者出露于祁曼塔格山南坡，形成于岛弧环境。第二期出现在晚泥盆世牦牛山组（D_3m），沿阿尔腾山一带出露，为非海相安山岩—英安岩—流纹岩组合，形成于后造山伸展环境，与具有退积型沉积充填序列的非海相碎屑岩伴生。第三期出现在晚三叠世，形成沿柴达木南缘分布的鄂拉山组（T_3e）安山岩—英安岩—流纹岩组合、八宝山组（T_3bb）流纹岩—安山岩—英安岩—角砾岩组合，都形成于滞后弧环境。

（九）西秦岭火山岩带

该火山岩带有四个火山岩浆活动时期。

第一期出现在早中二叠世和早三叠世，包括果可山组（P_2g）、切吉组（P_2qj）和洪水川组（T_1h）。果可山组沿青海湖南山—隆务峡—夏河一线出露，为形成于弧后裂谷环境的玄武岩—玄武安山岩组合；切吉组沿鄂拉山出露，下部为玄武岩—玄武安山岩组合，上部为安山岩—英安岩—流纹岩组合；洪水川组也沿鄂拉山一带出露，为流纹岩—英安岩—凝灰岩 > 玄武岩组合。它们总体上都具有双峰式特征，形成于弧后裂谷环境。值得指出的是，在该带的青海同仁县隆务峡一带出露二叠纪蛇绿岩（张克信等，2007），在夏河县甘加乡一带出现中二叠世蛇绿岩及洋岛海山相生物碳酸盐岩—玄武岩组合（寇晓虎等，2007，Kou X H 等，2009），结合区域上的空间配置关系，应属弧后裂谷环境。

第二期出现在晚三叠世，包括日脑热组（T_3r）玄武岩—玄武安山岩组合、华日组（T_3h）安山质—英安质—流纹质火山岩组合、鄂拉山组（T_3e）安山岩—英安岩—流纹岩—玄武安山岩—火山角砾岩组合，沿鄂拉山一带出露，形成于滞后弧环境。

第三期出现在侏罗纪—早白垩世，包括中侏罗世郎木寺组（J_2lm）安山岩—英安岩—火山碎屑岩组合、晚侏罗世贾家河组（J_3j）安山岩—英安岩—英安质角砾岩组合、早白垩世多禾茂组（K_1d）玄武岩—玄武安山岩组合和财宝山组（K_1c）流纹质角砾岩—英安岩—流纹岩组合，沿西秦岭南带出露，都是非海相火山岩，总体上具有双峰式特征，形成于后造山伸展环境。

第四期为古近纪牛顶山组（En）橄榄安粗岩系列橄榄玄武岩—玄武岩组合，形成于后碰撞环境，沿西秦岭南带出露。

（十）秦岭—大别—苏鲁火山岩带

该火山岩带从新元古代到石炭纪均有火山岩浆活动，其东延部分被中生代滨太平洋火山岩构造岩浆岩省叠加。包括四个时段的火山岩。

第一个时段是中新元古代，形成于古裂谷和古洋盆两种环境。

（1）古裂谷环境火山岩浆活动：包括姚坪岩组（$Pty.$）和杨坪岩组（$Pt_2yp.$）变质双峰式火山岩组合、小磨岭组（Jxx）高镁安山岩，形成于古裂谷环境。

（2）古洋盆环境火山岩浆活动：为乔子沟岩组（$Pt_{2-3}q.$）变质中基性火山岩，与大致同期的勉略蛇绿混杂岩伴生，共同构成勉略带古增生楔。勉略蛇绿混杂岩中不同岩块的锆石 U–Pb 年代学研究表明，琵琶寺 N–MORB

型基性火山岩形成于783~754Ma（李瑞保等，2009），略阳县偏桥沟斜长花岗岩为（923±13）Ma（闫全人等，2007）及（913±31）Ma（李曙光等，2003），略阳县偏桥沟堆晶辉长岩为（808±10）Ma（闫全人等，2007），西乡县五里坝岛弧玄武岩为（753±7）Ma，证明该蛇绿岩主体应形成于新元古代早期。

第二个时段是新元古代晚期—南华纪（820~750Ma），火山岩浆活动，包括耀岭河组（QbNhy）、武当岩群（QbNhW.），都是典型的碱性玄武岩（碱玄岩）—流纹岩双峰式组合，形成于裂谷环境，对应全球新元古代超大陆裂解事件。近年来，大量高精度锆石U-Pb年龄表明耀岭河组形成于771~632Ma，武当岩群形成于832~726Ma（陈隽璐等，2013）。

第三个时段是新元古代晚期—古生代，主要可分为与洋盆演化相关的火山岩浆活动、北大巴山一带与陆缘裂谷相关的火山岩浆活动共两类。

（1）与洋盆演化相关的火山岩浆活动：沿北秦岭—大别山一带分布，火山岩地层有广东坪组（Pt$_{2-3}$g）、木其滩组（Pt$_3$m）、丹凤岩组（Pz$_1$d.）、李子园组（Pz$_1$l）、千岔沟岩组（ZOg）、二郎坪群（Pz$_1$E）、张庄组（ЄOzh）。广东坪组（Pt$_{2-3}$q.）为形成于弧后盆地的碎屑岩与中酸性火山岩组合。丹凤岩组（Pz$_1$d.）为一套绿片岩相变质的中基性火山岩，其原岩为玄武岩—玄武安山岩—安山岩—英安岩—流纹岩组合，推断属于典型的岛弧火山岩组合，在俯冲增生过程中构造卷入到增生楔中。其余各地层单元总体上属于岛弧或初始岛弧的火山岩组合，以安山岩为主，其中夹有玄武岩、玄武安山岩、英安岩和火山碎屑岩类（角砾岩、凝灰岩等）。无论是洋底或岛弧都在洋壳俯冲过程中卷入到增生楔中，成为北秦岭增生楔的组成部分。此外，还有与上述火山岩构造岩片相伴生的商丹蛇绿混杂岩带、斜峪关—二郎坪蛇绿混杂岩带、秦岭地块及其两侧的超高压变质岩类，介绍如下。

①商丹蛇绿混杂岩带：由一系列蛇绿岩残块构成，由西到东依次有武山蛇绿岩、关子镇蛇绿岩、岩湾—鹦鸽嘴蛇绿岩、丹凤蛇绿岩、郭家沟蛇绿岩块等。各地蛇绿岩组成略有差别，但多由蛇纹岩、辉长岩、玄武岩、硅质岩

组成；蛇纹岩原岩为纯橄榄岩、方辉橄榄岩等。关子镇、岩湾蛇绿岩岩块具有 N-MORB 特征，武山蛇绿岩具有 E-MORB 特征（董云鹏等，2007），这些蛇绿岩均属 SSZ 型蛇绿岩，空间上大体呈带状构造岩块展布，其基质多为含凝灰质碎屑岩。它们的形成年龄分别为：武山蛇绿岩（471±1.4）Ma（杨钊等，2006），关子镇蛇绿岩（457±3）Ma（裴先治等，2007），岩湾蛇绿岩（483±13）Ma（陈隽璐等，2008）。此外，丹凤蛇绿混杂岩中有奥陶纪放射虫化石硅质岩（崔智林等，1995），黑河地区侵入于早古生代 N-MORB 玄武岩的淡色花岗岩 SHRIMP 锆石 U-Pb 年龄为（442±7）Ma（闫全人等，2007），说明该带蛇绿岩均形成于早古生代，代表了洋壳形成年龄。松树沟蛇绿岩尚存争议，刘军峰和孙勇（2005）认为属于热侵位的超基性岩体，并测得其中的榴闪岩年龄为（518±19）Ma。

②斜峪关—二郎坪蛇绿混杂岩带：展布范围从陕西省境内的斜峪关到河南境内的二郎坪一带，出露有一系列蛇绿岩残片，与其余岩石地层单元的构造岩片一起构成增生楔。二郎坪群为一套中基性—中酸性火山岩—火山碎屑岩，夹碎屑岩和碳酸盐岩，在河南省境内含有蛇绿岩（孙勇，1996；张宗清等，1996）。二郎坪群火山岩具有拉斑系列和钙碱系列共生、洋中脊和岛弧环境并存的特征，前人测年数据统计表明其形成时代跨度较大（1005~357Ma），闫全人等（2007）测得其中的基性火山岩 SHRIMP 锆石 U-Pb 年龄为（472±11）Ma。二郎坪群形成的环境也存在争议，多数学者认为是弧后盆地（张国伟等，1995；2001），然而王润三等（1990）提出二郎坪群的产出环境是介于华北和扬子间的一个具有完整沟弧盆体系的大洋盆地，而丹凤岩群形成于岛弧环境。徐学义等（2008a）则提出北秦岭北缘属于早古生代弧间洋的新认识。

③秦岭地块及其两侧的超高压变质岩：秦岭地块是构造卷入北秦岭增生楔的一个巨大的构造岩块，主要由秦岭岩群（Pt_1Q）及峡河岩群（$Pt_{2-3}X$）构成，前者是变质程度达角闪岩相及麻粒岩相的结晶变质岩组合，后者变质程度仅达绿片岩相，部分达角闪岩相。在秦岭地块的南北两侧均发现高压

超高压变质岩石，其岩石类型有榴辉岩、石榴辉石岩、高压基性麻粒岩、长英质高压麻粒岩等，同位素年龄数据为514~485Ma（杨经绥等，2002；苏黎等，2004；陈丹玲等，2004；刘军峰等，2005；刘良等，2009；陆松年等，2009）。值得注意的是，深熔作用与超高压作用发生的时代基本一致（陆松年等，2009），这表明秦岭地块两侧在寒武纪—奥陶纪都曾经发生过大洋甚至大陆岩石圈的深俯冲作用，由此推断构成秦岭地块的变质杂岩本身在组成和构造上都十分复杂，其中包含早古生代深俯冲作用中形成的高压和超高压变质岩构造岩块，实际上也是俯冲增生杂岩的一部分。

近年来，随着对秦岭岩群、宽坪岩群以及秦岭地块物质组成方面的深入研究（陆松年等，2009；杨力等，2010），结合与华北陆块物质组成的对比研究，有必要重新认识北秦岭北缘早古生代的大地构造属性。北秦岭是分隔华北陆块与华南陆块之间的一个消失了的大洋盆地，现在保留下来的都是俯冲增生杂岩带中的构造岩片，其俯冲极性主要是向秦岭地块之下俯冲，但在晚期不排除向华北陆块之下俯冲，主要依据为：一是北秦岭构成了华北陆块与扬子陆块之间的界线；二是从宽坪岩群碎屑锆石年龄谱分析（陆松年等，2009），物源区主要源自南侧1200~400Ma的岛弧，而与华北陆块无关；三是宽坪岩群和二郎坪群产出特征及构造形态表明，它们是在大洋岩石圈俯冲过程中保留下来的岛弧和弧后盆地建造的碎片；四是在平面结构上，北祁连—北秦岭缝合带与班公湖—怒江缝合带类似，都卷入有前南华纪地块（潘桂棠等，2002、2004、2009），班公湖—怒江缝合带构成了华南陆块（扬子陆块及其周缘增生造山系）和冈瓦纳陆块群（印度陆块及其北缘增生造山系）之间具有分割意义的广阔大洋盆地，而北祁连—北秦岭缝合带构成了华北陆块与华南陆块之间具有分割意义的大洋盆地。

（2）与陆缘裂谷相关的火山岩浆活动：沿北大巴山展布，形成晚奥陶世—早志留世斑鸠关组（O_3S_1b）碎屑岩与粗面岩岩石组合，并伴生有大量辉绿岩，构成双峰式岩浆岩组合，形成于陆缘裂谷环境。

第四个时段是泥盆纪—石炭纪，沿勉略带展布，形成桥头组（D_1q）中基性火山岩—火山碎屑岩组合。此外，还包括略阳组（D_3C_1l）在内的一些泥盆纪—石炭纪非火山岩岩石地层单元的构造岩片，也成为这一时段勉略增生楔的组成部分。在勉略带中尚未发现与阿尼玛卿洋盆相对应的蛇绿岩。因此，泥盆纪—三叠纪勉略带是否能够成为结合带或增生楔，仍存在争议。

（十一）西昆仑火山岩带

该火山岩带由先后五期火山岩浆活动形成。

第一期出现在长城纪，为赛图拉岩群（$ChSt$）石英角斑岩—变质的中基性火山岩组合，可能形成于古岛弧环境，主要沿西昆仑中带出露。

第二期出现在震旦纪—寒武纪，属于大洋盆地火山岩浆活动，伴生有同期的库地—其曼于特蛇绿岩。寒武纪末随着大洋岩石圈的俯冲，以震旦纪—寒武纪洋底拉斑玄武岩为主的火山岩和库地其曼于特蛇绿岩均成为构造岩片（块）卷入到增生楔中，使蛇绿岩被肢解为蛇绿混杂岩。构成增生楔的除了上述蛇绿混杂岩之外，还有不同地质时代的构造岩块（片），包括长城纪赛图拉岩群（$ChS.$）、蓟县纪桑珠塔格岩群（$JxSz.$）、寒武纪—奥陶纪库拉甫和群（$\in OK$）、奥陶系—志留系（$O-S$）、早古生代上其汗岩组（$Pz_1s.$），此外还有一部分早古生代岩浆弧也卷入到俯冲增生杂岩带中。库地—其曼于特蛇绿混杂岩属于强烈肢解的蛇绿混杂岩，所有构成蛇绿混杂岩的组分均呈构造岩块（片）产出，岩石组合为方辉橄榄岩—超镁铁质堆晶岩—变辉长岩—辉绿岩—钠长花岗岩—玄武质火山熔岩—安山岩—硅质岩，其中辉绿岩呈席状岩墙产出（潘桂棠等，2010）。卷入蛇绿混杂岩中的玄武岩为洋壳低钾拉斑玄武岩系列，源自不成熟小洋盆的 E-MORB 型源区。该蛇绿混杂岩带中的堆晶岩曾测得 SHRIMP 锆石 U-Pb 年龄分别为（502 ± 13）Ma（1:25 万麻札幅区调报告，2005）和（512 ± 4）Ma（肖序常等，2005），层状辉长岩的锆石 U-Pb 法上交点年龄为（971 ± 33）Ma，下交点年龄为（432 ± 15）Ma（1:25 万于田县幅区调报告，2003）。新疆区调队曾经在该带的绿片岩中发现硬玉，因此不排除该带有高压变质岩产出的可能性。

第三期为石炭纪—二叠纪火山岩浆活动，形成于岛弧、增生楔两种环境。

（1）形成于岛弧环境的是早石炭世乌鲁阿特组（C_1w），仅在西昆仑中带有少量出露，为双峰式玄武岩—流纹岩组合，可能具有弧背扩张的性质。

（2）形成于增生楔环境的有晚石炭世库尔良群（C_2K）和早中二叠世赛里亚克群（$P_{1-2}S$）。前者为英安岩—流纹岩组合，主要出露在塔什库尔干一带；后者为玄武安山岩—安山岩—英安岩组合，出露于康西瓦—苏巴什一带，可能是卷入增生楔的岛弧火山岩。与火山岩伴生的还有塔什库尔干蛇绿混杂岩、康西瓦—苏巴什蛇绿混杂岩。

①塔什库尔干蛇绿混杂岩：主体是达尔达尔—哈尼沙里地蛇绿岩，根据其产出的构造位置，推断其时代可能属于石炭纪—二叠纪。构成蛇绿岩的岩石类型有橄榄岩、辉石岩和辉橄岩，呈构造岩块出现在强烈页理化的基质中。

②康西瓦—苏巴什蛇绿混杂岩：由基质和岩块两部分构成。二叠纪硫黄达坂组（P_1l）和中二叠世卡拉札木组（P_2k）是构成蛇绿混杂岩基质的主体，发生强烈的透入性劈理化，形成绿泥石片岩、绿泥钠长片岩、绿泥绿帘片岩、绿泥绢云片岩、碳质片岩、碳质石英片岩、糜棱岩等。岩块类型有蛇纹岩、变二辉橄榄岩、变含辉石橄榄岩、变易剥橄榄岩、透闪石化辉石岩、变辉长岩、变辉绿岩、蚀变玄武岩、蚀变安山岩、大理岩、硅质岩等，有时可见辉绿岩呈岩墙产出。硅质岩块中含早石炭世—中二叠世放射虫。苏巴什蛇绿岩中包括 T-MORB 型玄武岩。从基质组成分析，卷入蛇绿混杂岩带的不但有岛弧的组分，还有弧前盆地的组分，前者如卡拉札木组（P_2k），后者如硫黄达坂组（P_1l）。此外，可能还卷入有洋岛或海山的岩石组合块体（潘桂棠等，2010）。

第四期火山岩浆活动出现在上新世—早更新世，主要沿康西瓦—苏巴什一带出露，包括上新世阿什库勒组（N_2a）玄武安山岩和早更新世黑石湖组（QP_1h）安粗岩，均属橄榄安粗岩系列，形成于后碰撞环境。

（十二）东昆仑—阿尼玛卿火山岩带

该火山岩带有五期火山岩浆活动。

第一期为中新元古代万宝沟岩组（$Pt_{2-3}w.$），沿阿其克库勒湖—布尔汗布达山一带广为出露，为变质的中基性火山岩组合，推测形成于古岛弧环境，在此后的早古生代东昆仑洋盆俯冲消减过程中作为构造岩块卷入到增生楔中。

第二期为早寒武世沙松乌拉组（€_1s）和奥陶纪—志留纪纳赤台群（OSN），主要沿阿其克库勒湖—布尔汉布达山一带出露。沙松乌拉组为碎屑岩与安山岩组合，可能形成于岛弧或弧后盆地环境；纳赤台群为玄武安山岩—安山岩—英安岩—流纹岩—火山碎屑岩组合，既有中高钾钙碱性系列，也有低钛高钾的碱性拉斑玄武岩系列，显示其生成环境既有岛弧，也有初始裂谷环境。上述火山岩在东昆仑早古生代洋盆俯冲消减过程中都卷入到增生楔中，成为增生楔的组成部分，除此以外还伴生有东昆仑蛇绿混杂岩。东昆仑蛇绿混杂岩相当于潘桂棠等（2010）所称的"早古生代吐木勒克蛇绿混杂岩"，主要有阿其克库勒湖东西两侧的蛇绿岩、诺木洪蛇绿岩、乌妥蛇绿岩等。蛇绿岩岩石组合为方辉橄榄岩—堆晶辉长岩—辉绿岩—玄武岩，其中玄武岩包括洋岛拉斑玄武岩和大洋拉斑玄武岩，单颗粒锆石 U-Pb 年龄为466Ma，Ar-Ar 年龄为 444.5Ma（李荣社等，2008）。基于岩石组合中缺少二辉橄榄岩、长橄岩或橄长岩成分的堆晶岩，推断应属 SSZ 型蛇绿岩。这些蛇绿岩构造岩片是在俯冲碰撞过程中增生到陆缘岩浆弧边缘的洋岛玄武岩或蛇绿岩，或者从大洋底刮剥下来的洋壳碎片。

第三期为石炭纪—早三叠世火山岩浆活动，构成弧盆系火山岩格局。

构成增生楔的火山岩是早石炭世托库孜达坂群（C_1T）、晚石炭世—中二叠世树维门科组（C_2P_2s）、中二叠世马尔争组（P_2m）和早中三叠世下大武组（$T_{1-2}x$）以及石炭纪—二叠纪的木孜塔格—阿尼玛卿蛇绿混杂岩带。

托库孜达坂群岩石组合为安山岩—流纹岩，树维门科组岩石组合为碎屑岩（浊积岩）—玄武安山岩—安山岩—英安岩，马尔争组岩石组合为碱玄岩—玄武岩—生物碳酸盐岩，下大武组岩石组合为玄武安山岩—安山岩—英安岩。除了马尔争组形成于洋岛环境，其余都形成于岛弧环境。这些火山岩在晚古生代—早中三叠世东昆仑洋盆俯冲消减中都卷入到增生楔中。

木孜塔格—阿尼玛卿蛇绿混杂岩带从东到西遍布石炭纪—二叠纪蛇绿岩构造岩块（岩片），尤其西段木孜塔格北坡最为发育，在鲸鱼湖以西普遍出露，通常称作"木孜塔格—西大滩蛇绿混杂岩带"或"鲸鱼湖蛇绿混杂岩带"，东西延伸长达360km。该蛇绿混杂岩带的昆明沟玄武岩为形成于洋中脊环境的N-MORB型，其全岩K-Ar年龄为（297.7±37.8）Ma、全岩Ar-Ar年龄为（279.6±2.3）Ma（潘桂棠等，2010）。其东段从布青山—阿尼玛卿山遍布蛇绿混杂岩，构成延伸长达150km的"布青山—阿尼玛卿山蛇绿混杂岩带"。寒武纪—中奥陶世布青山得力斯坦沟蛇绿岩也以构造外来体的形式出露在该蛇绿混杂岩带中，其中辉长辉绿岩的Rb-Sr等时线年龄为（495.3±80.6）Ma，辉长岩锆石U-Pb年龄为（467.2±0.9）Ma，牧羊山辉长辉绿岩的Rb-Sr等时线年龄为（517.9±1.6）Ma。此外，布青山一带的得力斯坦沟和牧羊山一带硅质岩中含大量早石炭世放射虫，该两地的枕状玄武岩测得Rb-Sr等时线年龄为（304.3±11.6）Ma、普通Pb等时线年龄为（310±15）Ma（边千韬等，1999）。姜春发等（1992）曾报道了下大武一带火山岩的全岩Rb-Sr等时线年龄为260Ma。构成蛇绿混杂岩的岩石类型主要有：方辉橄榄岩、纯橄岩、辉橄岩、辉长岩、辉绿岩、斜长花岗岩、玄武岩及放射虫硅质岩等，呈构造岩块或岩片夹于透入性劈理化的泥砂质基质中。蛇绿岩的岩石组合显示SSZ型特征，其中玄武岩既有N-MORB型，也有岛弧型和洋岛型（洋岛碱性玄武岩），反映玄武岩形成环境多样，洋中脊、洋岛和岛弧并存。其中，岛弧火山岩有早石炭世托库孜达坂群（C_1T）安山岩—流纹岩组合，沿托库孜达坂山一带出露。弧后盆地火山岩为早石炭世哈拉郭勒组（C_1hl）碱玄岩—流纹岩双峰式组合，夹于碎屑岩之中，具有弧后裂谷性质。弧后裂谷火山岩为早三叠世洪水川组（T_1h），是夹于浊积岩中的英安岩—流纹岩与玄武岩双峰式组合。

第四期火山岩浆活动出现在早更新世，为橄榄安粗岩系安粗岩组合，形成于后碰撞环境。

（十三）云开—武夷—台湾火山岩区

该构造岩浆岩省的前泥盆纪火山岩普遍发生强烈变质变形，归入变质岩范畴，且大多被中生代滨太平洋火山岩构造岩浆岩省叠加，在此不做讨论。

（十四）扬子火山岩区

该构造岩浆岩省的北界是勉略断裂带—城口断裂带及其东延部分，西北界是龙门山断裂带，西界是金沙江断裂带—玉龙雪山断裂带—哀牢山断裂带，南界直抵边界线，仅一小部分与云开—武夷火山岩构造岩浆岩省相邻接；东部现以晚三叠世以来火山岩出露峰线为界，与中生代滨太平洋火山岩构造岩浆岩省为邻。该省可以划分成上扬子北缘火山岩带、上扬子西缘火山岩带、上扬子东南缘火山岩带、下扬子火山岩带共四个火山岩带。其中，下扬子火山岩带全部被滨太平洋火山岩构造岩浆岩省叠加，在此不做讨论。

1. 上扬子北缘火山岩带

该火山岩带先后有两期火山岩浆活动。

第一期为中新元古代，可能有部分属于820Ma后的裂谷火山岩浆事件。

（1）沿汉南米仓山一带出露的火山岩：包括中元古代三湾岩组（$Pt_2sw.$）、后河岩群（Pt_2H）、蓟县纪竹林坡组（Jxz）、中新元古代火地垭群（$Pt_{2-3}Hd$）。三湾岩组上部为玄武安山质火山岩，下部为凝灰质绢云板岩、安山质和英安质凝灰岩夹石英片岩。后河岩群是一套变质程度达角闪岩相和麻粒岩相的火山岩系，由混合岩化斜长角闪岩、角砾状混合角闪斜长岩、斜长角闪混合片麻岩、少量混合片麻岩、变粒岩组成，其原岩为玄武安山岩—安山岩—英安岩组合。竹林坡组上部为酸性火山碎屑岩夹凝灰质砾岩，下部为基性含砾凝灰岩、含砾沉凝灰岩、酸性火山碎屑岩。火地垭群为玄武安山岩—安山岩—

安山质火山碎屑岩组合，形成于古岛弧环境，陕西省境内出露于米仓山一带的孙家河组（Qbsj）可能与该群相当。上述各火山岩地层都显示为以安山岩为主的岩石组合，形成于古岛弧环境，构成米仓山一带的古岛弧火山岩。

（2）沿神农架一带出露的火山岩：为中元古代洋岛拉斑玄武岩组合，包括玄武质火山碎屑岩和玄武岩，多属钙碱性系列，与洋岛拉斑玄武岩特征相近，赋存于郑家垭组（Pt$_2$zh），主要以灰岩、白云岩中的夹层出现。

第二期出现在南华纪，对应于全球 Rodinia 超大陆裂解事件，主要分布于上扬子陆块北缘。

（1）沿米仓山一带出露南华纪铁船山组（Nht），属于玄武安山岩—流纹岩—流纹质火山碎屑岩双峰式组合，形成于裂谷环境。

（2）沿神农架一带出露汉南米仓山古岛弧及古裂谷火山岩、神农架古岛弧火山岩。

2. 上扬子西缘火山岩带

该火山岩带先后有五期火山岩浆活动。

第一期出现在古元古代，形成河口岩群（Pt$_1$H）安山岩—英安岩—流纹岩组合，形成于古岛弧环境，沿泸定—攀枝花一带出露。

第二期为中新元古代，可能有部分属于 820Ma 之后的裂谷火山岩浆事件，主要有以下几个分布区。

（1）龙门山地区：出露有中新元古代黄水河群（Pt$_{2-3}$H），是一套变质程度达绿片岩相的火山岩系，其下部干河坝组由变质凝灰岩、次闪石岩、次闪斜长岩、绿泥斜长岩、绿帘阳起片岩、蚀变玄武岩、变酸性火山岩构成；中部黄铜尖子组由钠长绿泥片岩、绿泥石英片岩夹变质英安岩、绿泥石英片岩、绿帘角闪岩、斜长角闪岩构成，变火山岩的锆石 U–Pb 法年龄 >1043Ma；上部关防山组由变质中酸性火山岩、绢云绿泥片岩、绿泥石英片岩构成，原岩应为玄武安山岩—安山岩—英安岩—流纹岩组合，可能形成于古岛弧环境，构成龙门山古岛弧火山岩。

（2）盐源—丽江地区：出露有洱源岩群（Pt$_{2-3}$E），为一套含双峰式火山岩的碎屑岩—碳酸盐岩组合变质形成的变玄武岩—变流纹岩—绢云千枚岩—绿泥片岩—结晶灰岩组合及绢云千枚岩—阳起片岩—变粉砂岩组合，形成于古裂谷环境，构成盐源—丽江古裂谷。

（3）泸定—攀枝花地区：出露有中元古代大红山岩群（Pt_2D），中新元古代天宝山组（$Pt_{2-3}tb$）、则姑组（$Pt_{2-3}zg$）、盐边群（$Pt_{2-3}Y$）、昆阳群（$Pt_{2-3}Ky$）、康定群（$Pt_{2-3}K$），中新元古代大河边岩组（$Pt_{2-3}d.$）。大红山岩群总体上是一套高绿片岩相变质的富钠质火山岩—火山碎屑岩—镁质大理岩组合，其中曼岗河组和红山组主要为变质火山岩，可能有洋岛海山火山岩组合，推测形成于洋底环境或古岛弧环境。会理岩群天宝山组为变流纹岩—千枚岩组合，形成于弧后盆地环境。登相营岩群则姑组为变质流纹岩—变质英安岩—变质火山角砾岩组合，形成于弧后盆地环境。盐边群是一套浅变质的玄武岩—英安岩—流纹岩组合，形成于古岛弧环境。康定群是一套变质程度达角闪岩相和麻粒岩相的火山岩系，下部的咱里岩组主要为变质的拉斑系列玄武岩，SHRIMP 锆石 U-Pb 年龄为（830±7）Ma，此外还有角闪黑云斜长变粒岩、二长变粒岩和浅粒岩；上部的冷竹关岩组，SHRIMP 锆石 U-Pb 年龄为（818±8）Ma，该岩组下部由角闪斜长变粒岩、黑云二长变粒岩夹斜长角闪岩、浅粒岩、黑云母片岩构成，偶见变质英安岩薄层；岩组上部由二长浅粒岩、黑云二长变粒岩夹黑云斜长变粒岩、斜长角闪岩，局部出现酸性火山岩。恢复原岩，总体上是：玄武岩—玄武安山岩—安山岩—英安岩组合，可能有少量的流纹岩，与康定群伴生的有大量同期的 CA 性侵入岩（可能为古老的 TTG 组合），故推测形成于古岛弧环境，可能包含形成于洋底环境的初始火山弧。大河边岩组为一套含火山碎屑的砂泥质岩石组合，变质成黑云变粒岩—二云母石英片岩—二云母片岩组合，可能形成于岛弧环境末期。上述火山岩地层构成泸定—攀枝花一带的古弧盆系格局。

（4）滇东—黔西地区：出露有中新元古代峨边岩群烂包坪岩组（$Pt_{2-3}lb.$），火山岩为玄武岩—玄武质凝灰岩组合，夹于浅变质碎屑岩之中，推测形成于古弧后盆地环境。

第三期火山岩浆活动出现在南华纪，对应全球 Rodinia 超大陆裂解事件，主要分布于以下地区。

（1）沿龙门山一带，出露盐井群（NhY）火山岩，可分为下、中、上三部分，但岩石组合略有差异：下部为玄武岩—流纹岩组合，中部为流纹岩—流纹斑岩组合，上部为粗面岩—粗面斑岩组合，总体上属于双峰式组合，形成于裂谷环境。

（2）沿泸定—攀枝花一带，出露南华纪苏雄组（Nb_1s）和开剑桥组（Nh_2k），二者均是玄武岩—英安岩—粗面岩—流纹岩组合，属于典型的双峰式组合，形成于裂谷环境。

第四期火山岩浆活动发生于中晚二叠世，以峨眉山组（$P_{2-3}e$）玄武岩著称，以大陆溢流玄武岩组合为主，广泛分布于上扬子陆块西部，并波及夹金山的大石包一带，并伴随着同期的双峰式侵入岩浆活动；火山喷发以陆相为主，在扬子陆块西缘出现少量海陆交互相；向西到松潘一带，则过渡为海相喷发。目前普遍认为峨眉山玄武岩与地幔热柱活动相关，是全球大陆裂解事件在扬子陆块上的响应。

第五期火山岩浆活动出现在古近纪，仅在滇东—黔西一带有少量出露，岩性为橄榄安粗岩系列碱玄岩，形成于后碰撞环境，是印度次大陆与欧亚板块碰撞在扬子陆块西缘的响应。

3. 上扬子东南缘火山岩带

该火山岩带先后出现四期火山岩浆活动。

第一期为新元古代火山岩，形成于两种不同的构造环境，分别介绍如下。

（1）古增生楔环境的新元古代梵净山群（Pt_3F）火山岩，属于非史密斯地层，在大套深海—半深海浊流沉积岩构造岩片中混杂有超镁铁质岩和镁铁质岩（辉绿岩墙及辉长岩，或辉长辉绿岩）以及深海浊流沉积伴生的细碧岩—角斑岩—石英角斑岩组合或细碧岩—石英角斑岩组合，锆石U–Pb 年龄为 851~832Ma（王敏等，2012；张传恒等，2014）。与上覆板溪群芙蓉坝组（Pt_3^1fr）磨拉石不整合接触。Zhou J C 等（2009）对梵净山群碎屑岩中碎屑锆石 150 个测年数据统计，其峰值为（872±3）Ma，属于 Rodinia 超大陆裂解前的洋陆转化事件记录。

（2）古裂谷环境的新元古代火山岩，包括四堡群（Pt_3Sb）和下江群（Pt_3X），主要出露于从江一带。四堡群是一套浅变质的具有退积型沉积充填序列的碎屑岩，其中夹有多层变基性—中基性熔岩，锆石 U-Pb 年龄为 820~841Ma；下江群整合覆盖在四堡群之上，是一套浅变质的细碎屑岩—钙泥质细碎屑岩并夹多层变基性熔岩，锆石 U-Pb 年龄为 764~814Ma（高林志等，2014；覃永军等，2015）。与火山岩伴生有大致同期的双峰式侵入岩，推测从江一带的四堡群和下江群形成于古裂谷环境。

第二期为发生于稳定陆块环境的志留纪火山岩浆事件，沿黔东都匀—镇远一带集中出露，为侵出相金伯利岩，其 K-Ar 法年龄为 412~458Ma，反映上扬子陆块志留纪时发生过大陆岩石圈伸展事件，相应地在北大巴山一带形成晚奥陶世—早志留世斑鸠关组粗面岩和钾镁煌斑岩。

第三期火山岩浆活动出现在晚泥盆世—三叠纪，主要出露在南盘江—右江一带，前期构成该带的裂谷，后期构成该带三叠纪前陆盆地。

第四期火山岩为古近纪橄榄安粗岩系列碱性玄武岩，形成于后碰撞环境，是印度次大陆同欧亚大陆碰撞的远程火山岩浆响应。

（十五）羌塘—三江火山岩区

该火山岩构造岩浆岩省北以康西瓦—苏巴什断裂带、昆南断裂带、阿尼玛卿及勉略带的南缘断裂带为界，南与班公—双湖—怒江火山岩构造岩浆岩省相接，西界止于国境线，东界为龙门山断裂带，包括甜水海、巴颜喀拉—松潘、西金乌兰—金沙江和北羌塘—昌都等四个火山岩带。

1.甜水海火山岩带

该火山岩带包括三期火山岩浆活动。第一期为早志留世温泉沟组（S_1w）安山岩—安山质火山角砾岩组合，夹于具有进积型沉积充填序列的浊积岩中，形成于前陆盆地该组环境。第二期为早二叠世帕斯组（P_1p）玄武岩—英安岩组合，形成于陆缘弧环境。第三期为中新世—上新世泉水沟组（$N_{1-2}q$）橄榄安粗岩系列碱性玄武岩—辉绿岩组合，形成于后碰撞环境。

2. 巴颜喀拉—松潘火山岩带

该火山岩带先后有五期火山岩浆活动。

第一期为元古宙火山岩，包括古元古代—中元古代大安岩群（$Pt_{1-2}D.$）和陈家坝岩群（$Pt_{1-2}C.$），中新元古代宁多岩群（$Pt_{2-3}N.$）、阳坝岩群（$Pt_{2-3}Y.$）和秧田坝岩群（$Pt_{2-3}Yt.$）。除了宁多岩群沿清水河一带出露以外，其余都出露在碧口地块之上。宁多岩群变质程度达角闪岩相，其原岩为一套成熟度较高的碎屑岩—中基性火山岩—碳酸盐岩组合，碎屑锆石年龄为618Ma（何世平等，2011），可能属于古岛弧火山岩。陈家坝岩群是一套变质程度达高绿片岩相的绿帘阳起片岩—绿帘绿泥片岩—绿帘绿泥角闪片岩—绢云石英钠长片岩—石英角斑岩—变安山岩组合，其原岩具有双峰式特征，可能形成于古裂谷环境。大安岩群为变基性熔岩—变基性火山角砾岩—火山凝灰岩组合，可能形成于古岛弧环境，属于卷入到古老增生楔中的同期古岛弧火山岩岩块（片）。秧田坝岩群是一套变质碎屑岩—变质火山碎屑岩组合，形成于弧后盆地环境；同期的阳坝岩群则是一套变质的熔岩—火山碎屑岩与少量碎屑岩组合，形成于岛弧环境，二者共同构成这一时期的弧盆组合格局。

第二期为南华纪木坐组（Nhm）大陆溢流玄武岩—玄武安山岩组合，出露于碧口地块之上，形成于裂谷环境。

第三期为中晚二叠世大石包组（$P_{2-3}d$）海相喷发的大陆溢流玄武岩，沿夹金山—贡嘎山—木里一带出露，形成于陆缘裂谷环境。

第四期为早侏罗世年宝组（J_1n）和郎木寺组（J_1lm），沿松潘地块零星出露，其中年宝组为流纹岩—流纹质凝灰岩组合，郎木寺组为玄武岩—玄武安山岩组合，二者都形成于后造山伸展环境。

第五期为古近纪和新近纪，包括古近纪热鲁组（Er）、中新世查宝马组（N_1ch）、上新世石顶坪组（N_2s）。热鲁组为中酸性凝灰岩组合，在松潘地块上有所出露。茶宝马组为碱性玄武岩—辉绿岩—粗面岩组合，石顶坪组为安粗岩—粗面岩—玄武岩组合，二者均属橄榄安粗岩系列，主要沿可可西里出露，形成于后碰撞环境。

3. 西金乌兰—金沙江火山岩带

该火山岩带先后有五期火山岩浆活动。

第一期为中新元古代，包括中新元古代恰斯群（$Pt_{2-3}Q$）和宁多群（$Pt_{2-3}N$）、新元古代巨甸岩群（P_3J）。恰斯群出露于中甸地块之上，为变质的玄武岩—安山岩—流纹岩组合，形成于古岛弧环境。宁多群沿西金乌兰—玉树一带出露，是构造卷入增生楔的变质基底岩块，为变质的中基性火山岩组合，形成于古岛弧环境。巨甸岩群沿中甸地块西缘出露，为变质的碎屑岩与基性火山岩组合，推测形成于古裂谷环境。

第二期为震旦纪—泥盆纪，包括震旦纪—早寒武世茶马贡群（$Z\in_1Ch$）、早中寒武世小冲坝组（$\in_{1-2}x$）、早奥陶世蒙错那卡组（O_1mc）、志留纪—泥盆纪然西组（SDr）、早泥盆世依吉组（D_1y）。除了依吉组出露于中甸地块外，其余的都沿金沙江带出露。茶马贡群和小冲坝组为洋底溢流玄武岩组合，形成于洋岛环境。蒙错那卡组为变质中基性火山岩组合，形成于陆缘裂谷环境。然西组为玄武岩—粗面玄武岩组合，形成于陆缘裂谷环境。依吉组为玄武岩—安山岩—流纹岩组合，形成于岛弧环境。

第三期为石炭纪—三叠纪，包括石炭纪—中二叠世西金乌兰群（CP_2X）、早二叠世冰峰组（P_1b）、早中二叠世额阿钦组（$P_{1-2}e$）、中晚二叠世岗达盖组（$P_{2-3}g$）、晚二叠世岗达组（P_3g）、晚二叠世峨眉山组（P_3em）、二叠纪—早三叠世岗托岩组（$PT_1g.$）、西渠河岩组（$PT_1x.$）、二叠纪—三叠纪普水桥组（PTp）、早三叠世攀天阁组（T_1p）、中三叠世高山寨组（T_2g）以及晚三叠世小定西组（T_3xd）、巴塘群（T_3B）、图姆沟组（T_3t）、曲嘎寺组（T_3q）。这一时段还出现多条蛇绿混杂岩带，成为增生楔的主体之一，如理塘蛇绿混杂岩带、三江口蛇绿混杂岩带、西金乌兰—玉树蛇绿混杂岩带、金沙江蛇绿混杂岩带、哀牢山蛇绿混杂岩带、藤条河蛇绿岩混杂岩带等。西金乌兰群沿西金乌兰—玉树一带出露，构成西金乌兰—玉树增生楔的主体，为玄武岩—安山岩—火山角砾岩组合，最初可能形成于岛弧或初始弧环境，在洋壳俯冲作用中构造卷入到增生楔中，与其伴生的有大致同期的西金乌兰—玉树蛇绿混杂岩带。冰峰组沿中甸地块西缘出露，额阿钦组沿金沙江一带出露，均为形成于陆缘裂谷环境玄武岩。岗达盖组出露于甘孜—理塘一带及中甸地块之上，为玄武岩—玄武安山岩—玄武质火山角砾岩组合；岗达组出露于中甸地块及其西缘，为玄武岩—玄武质火山角砾岩组合；峨眉山组玄武岩沿三江口一带出露，这三者均形成于陆缘裂谷环境。岗托岩组为安山岩—流纹岩—安山质火山角砾岩与玄武岩组合，西渠河岩组为玄武岩—生物碳酸盐岩组合，二者均沿金沙江一带出露，形成于洋岛环境。普水桥组沿金沙江一带出露，为中酸性火山岩组合，形成于岛弧环境，在洋壳俯冲过程中卷入增生楔中，成为增生楔的主体建造。攀天阁组和高山寨组出露于哀牢山—藤条河带南段，为钙碱性系列英安岩—流纹岩组合，属于晚期岛弧火山岩，在哀牢山—藤条河洋盆俯冲过程中构造卷入增生楔中。小定西组亦沿金沙江带出露，为玄武岩—安山岩—英安岩组合，形成于岛弧环境。巴塘群沿西金乌兰—玉树一带出露，为玄武岩—玄武安山岩—安山岩组合，形成于岛弧环境，在西金乌兰—玉树洋盆俯冲过程中被卷入增生楔。图姆沟组出露于中甸地块之上，为安山岩—英安岩—流纹岩组合，形成于岛弧环境。曲嘎寺组沿甘孜—理塘一带出露，为安山岩—英安岩—流纹岩组合，形成于岛弧环境。

（1）理塘蛇绿混杂岩带：沿甘孜—理塘一带展布，其主体是二叠纪—三叠纪卡尔岩组（$PTk.$）和瓦能岩组（$PTw.$）拉斑系列—钙碱性系列碱性玄武岩—响岩—粗面岩组合，并伴生有辉绿岩墙和富含凝灰质的浊流沉积，经构造变形和动力变质作用，形成以绿泥—阳起片岩为主的强烈页理化构造岩片，页理化较弱带仍然保留有凝灰质深水浊积岩。此外，在主要由火山岩和火山浊流沉积构造岩片构成的混杂岩带还夹有超镁铁质岩和镁铁质岩的构造岩块和岩片，构成蛇绿混杂岩带或混杂岩带，时代为二叠纪，显然是在甘孜—理塘洋盆俯冲过程中形成的。

（2）三江口蛇绿混杂岩带：由火山岩构造岩片、超镁铁质岩构造岩片（块）、镁铁质岩构造岩片（岩块）及深海浊积岩构造岩片等构成，时代为二叠纪—三叠纪。火山岩为拉斑系列溢流玄武岩，可能形成于大洋环境。超镁铁质岩有橄榄岩和蛇纹岩，镁铁质岩有辉长岩、辉绿岩等。深水凝灰质浊积岩变质成钠长绿泥片岩和钠长阳起片岩。

（3）西金乌兰—玉树蛇绿混杂岩带：从郭扎错向东经碎石山至可可西里蛇形沟、治多、隆宝、玉树均有出露，继续转向东南与潘桂棠等（2010）所称的"金沙江蛇绿混杂岩带"相连接。蛇绿岩构造岩片（块）在带内相对集中构成蛇形沟岩体群、巴音叉琼—八音查乌马岩体群、多彩—当江岩体群、隆宝岩体群和玉树岩体群。各岩体群的物质组成大致类似，基本上由方辉橄榄岩、辉石橄榄岩、辉石岩、辉长岩、辉绿岩、辉长辉绿岩、玄武岩构成，部分辉长岩具有火成堆晶结构，辉绿岩多呈岩群产出。蛇形沟岩体群、多彩—当江岩体群和隆宝岩体群中缺乏方辉橄榄岩，榆树岩体群中则出现苦橄岩。蛇形沟玄武岩的 Pb 同位素年龄为 274Ma，倒流沟辉绿岩和辉长辉绿岩的角闪石 Ar-Ar 法年龄为（345.7±0.9）Ma（1:25 万可可西里湖幅地质图说明书）。八音查乌马辉长岩 Rb-Sr 等时线年龄为（268±41）Ma（苟金，1990），推断基性杂岩的时代为早石炭世—中二叠世。岩石组合总体显示出 SSZ 型蛇绿岩特征，但部分地段有二辉橄榄岩，显示 MORS 型蛇绿岩特征（潘桂棠等，2010）。若拉岗日—乌兰乌拉湖含蓝闪石片岩的俯冲杂岩（蛇绿混杂岩带，CP_2）与治多—玉树俯冲增生杂岩（蛇绿混杂岩带，CP_2）类似，同样是以西金乌兰群为主，混杂有石炭纪—中二叠世基性岩构造岩片和火山岩构造岩片。

（4）金沙江蛇绿混杂岩带：由火山岩构造岩片、超镁铁质岩构造岩片（块）、镁铁质岩构造岩片（块）、绿泥片岩、硅质岩或泥硅质岩构造岩片构成。火山岩主要为拉斑系列玄武岩，发育枕状构造，形成于洋中脊环境。超镁铁质岩有橄榄岩、蛇纹岩，镁铁质岩有辉长岩及辉绿岩等。绿泥片岩原岩为火山碎屑岩或凝灰质碎屑岩，硅质岩和泥硅质岩则属于深海远洋—半深海沉积。它们都在金沙江洋盆俯冲过程中作为构造岩片（块）卷入到增生楔中，其中玄武岩的 LA-ICP-MS 锆石 U-Pb 年龄为 365~354Ma（云南省火山岩专题图件成果，2012），而构造卷入的大量地层时代则属于二叠纪—三叠纪。

（5）哀牢山蛇绿混杂岩带：沿哀牢山出露，由火山岩构造岩片、超镁铁质岩构造岩片（块）、镁铁质岩构造岩片（块）、绿泥片岩构造岩片、硅质岩、泥硅质板岩构造岩片等构成。火山岩主要是拉斑系列玄武岩，形成于洋底或洋中脊环境。超镁铁质岩有橄榄岩、蛇纹岩，镁铁质岩有堆晶辉长岩、辉长岩、辉绿岩等。绿泥片岩原岩为火山碎屑岩或凝灰质碎屑岩，可能形成于洋底或洋内弧环境；硅质岩和泥硅质板岩则属于深海远洋—半深海沉积的浊流沉积。上述岩石均在哀牢山—藤条河洋盆俯冲过程中构造卷入到增生楔中。

（6）藤条河蛇绿岩混杂岩带：沿藤条河出露，由火山岩构造岩片、绿片岩构造岩片、超镁铁质岩构造岩片（块）、镁铁质岩构造岩片（块）、硅质岩和硅泥质板岩构造岩片构成。火山岩主要是拉斑系列玄武岩，形成于洋中脊或洋底环境。绿片岩的原岩是中基性火山碎屑岩或凝灰质碎屑岩，形成于洋底高原或陆坡环境。超镁铁质岩有蛇纹岩、橄榄岩，镁铁质岩有辉绿岩。硅质岩和硅泥质板岩，属于深海远洋沉积。该蛇绿混杂岩带的地质时代为石炭纪—三叠纪。

第四期为早中侏罗世立州组（$J_{1-2}lz$）碱性玄武岩—玄武岩—凝灰岩组合，沿甘孜—理塘带、中甸地块、金沙江带均有出露，形成于后造山伸展环境。

第五期火山岩浆活动为古近纪和中新世，包括古近纪热鲁组（Er）和中新世查宝马组（N_1ch）。热鲁组中酸性凝灰岩在甘孜—理塘带和中甸地块有所出露，形成于后碰撞环境。查宝马组橄榄安粗岩系列碱性玄武岩在甘孜—理塘、中甸地块、西金乌兰—玉树带均有出露，形成于后碰撞环境。

4. 北羌塘—昌都火山岩带

该火山岩带先后有三期火山岩浆活动。

第一期火山岩浆活动为中新元古代，包括宁多岩群（$Pt_{2-3}N.$）和澜沧岩群（$Pt_{2-3}L$），前者沿开心岭—江达有零星出露，后者沿临沧—景洪一带出露。宁多岩群是一套变质程度达绿片岩相—角闪岩相的火山—沉积岩系，原岩为成熟度较高的沉积碎屑岩—中基性火山岩—碳酸盐岩组合，火山岩的原岩为玄武岩—安山岩—安山质火山碎屑岩组合，锆石 U–Pb 年龄为 1628~1426Ma，推测形成于古岛弧环境（李荣社等，2008）。澜沧岩群是一套低绿片岩相含基性火山岩的含碳细碎屑岩无序岩石组合，下部为深水—半深水碎屑浊流沉积，已变质成碳质绢云千枚岩—石英千枚岩组合；上部为印支期高压变质相，由含基性火山岩的深水火山浊流沉积变质而成，可能形成于岛弧或陆缘弧环境。

第二期火山岩浆活动为泥盆纪—早白垩世，总体上属于多岛弧盆系火山岩岩石组合，包括泥盆纪—石炭纪大凹子组（DCd）、晚古生代无量山群（Pz_2Wl）、早石炭世杂多群（C_1Z）和石凳群（C_1Sd）、石炭纪—二叠纪龙洞河组（CPl）和下密地组（CPx）、早中二叠世诺日巴嘎日保组（$P_{1-2}n$）、中二叠世高井槽组（P_2g），晚二叠世沙木组（P_3sm）、夏牙村组（P_3x）、羊八寨组（P_3y）和那益雄组（P_2n），早中三叠世马拉松多组（$T_{1-2}m$）和帮沙组（$T_{1-2}b$），中晚三叠世竹卡组（$T_{2-3}z$），晚三叠世巴塘群（T_3B）、甲丕拉组（T_3j）、洞卡组（T_3d）、忙怀组（T_3m）、巴钦组（T_3b）、鄂尔陇巴组（T_3e）和小定西组（T_3xd），早侏罗世芒汇河组（J_1mh），早中侏罗世那底岗日组（$J_{1-2}nd$），晚侏罗世—早白垩世旦荣组（J_3K_1d）。大凹子组（DCd）沿维西—兰坪—思茅一带和澜沧江一带均有所出露，属于典型的岛弧玄武岩—安山岩—英安岩—流纹岩组合。无量山群（Pz_2W）沿思茅地块西缘无量山一带出露，上部属于火山岩建造，为岛弧玄武岩—安山岩—英安岩组合。杂多群（C_1Z）出露于北羌塘和各拉丹东—类乌齐一带，为弧后盆地的英安岩—英安质凝灰岩组合。石凳群（C_1Sd）出露于维西—兰坪—思茅一带及澜沧江一带，为英安质火山角砾岩—凝灰岩组合，形成于岛弧环境。龙洞河组（CPl）出露于思茅地块之上，为英安质火山角砾岩—凝灰岩组合，可能形成于岛弧环境。下密地组（CPx）出露于思茅地块，为科马提岩—玄武岩—流纹岩—英安岩双峰式组合，推测形成于初始洋中脊或洋岛环境。诺日巴嘎日保组（$P_{1-2}n$）在北羌塘及各拉丹东—类乌齐一带均有所出露，为安山岩—玄武安山岩—玄武岩与流纹岩—英安岩组合，根据出露的位置，出露于北羌塘一带的地层形成于弧后盆地环境，而出露于各拉丹东—类乌齐的地层则形成于岛弧环境。高井槽组（P_2g）出露于思茅地块，为粗玄岩—安山岩—英安岩—火山角砾岩—凝灰岩组合，形成于岛弧环境。沙木组（P_3Sm）在昌都地块、思茅地块及沿澜沧江带均有所出露，为玄武安山岩—安山岩组合，形成于岛弧环境。夏牙村组（P_3x）出露于开心岭—江达一带，为玄武岩—安山岩—英安岩组合，形成于岛弧环境。羊八寨组（P_3y）出露于思茅地块，为粗玄岩—安山岩—英安岩—火山角砾岩—凝灰岩组合，整合覆于高井槽组（P_2g）之上，形成千岛弧环境。那益雄组（P_3n）出露于青海境内的北羌塘—昌都地块，为玄武安山岩—玄武岩—安山岩组合，夹于碎屑浊流沉积岩之中，形成于弧后盆地环境。马拉松多组（$T_{1-2}m$）沿开心岭—江达一带和思茅地块均有所出露，下部为安山岩—玄武岩—英安岩组合，上部为玄武岩—安山岩—英安岩组合，根据出露的位置，沿开心岭—江达一带的地层形成于陆缘弧，而出露于思茅地块之上的地层形成于岛弧环境。帮沙组（$T_{1-2}b$）仅出露于思茅地块，为玄武岩—安山岩—英安岩组合，形成于岛弧环境。竹卡组（$T_{2-3}z$）仅沿澜沧江一带出露，为玄武岩—安山岩—流纹岩，形成于岛弧环境。巴塘群（T_3B）仅出露于开心岭—江达一带，为安山岩—玄武安山岩—流纹岩组合，形成于陆缘弧环境。甲丕拉组（T_3j）沿开心岭—江达带、昌都地块及各拉丹东—类乌齐一带均有所出露，为碎屑浊流沉积与中基性火山角砾岩组合，可能形成于陆缘弧环境。洞卡组（T_3d）仅在思茅地块有所出露，为玄武岩—安山岩—英安岩组合，形成于岛弧环境。忙怀组（T_3m）在思茅地块及临沧—景洪一带均有所出露，为英安岩—流纹岩—玄武岩组合，形成于岛弧环境。巴钦组（T_3b）沿各拉丹东—类乌齐一带出露，为玄武岩—英安岩—粗面岩—流纹岩组合，形成于岛弧环境。鄂尔陇巴组（T_3el）沿各拉丹东—类乌齐带出露，为玄武岩—安山岩—流纹岩—火山角砾岩组合，形成于岛弧环境。小定西组（T_3xd）沿临沧—景洪一带出露，为玄武岩—玄武安山岩—英安岩—流纹岩组合，形成于岛弧环境。芒汇河组（J_1mh）沿临沧—景洪一带出露，为玄武岩—英安岩—流纹岩双峰式组合，形成于后造山伸展环境。那底岗日组（$J_{1-2}nd$）在北羌塘及那底岗日都有所出露，为英安岩—流纹岩组合，形成于岛弧环境。旦荣组（J_3K_1d）仅出露于青海省境内的北羌塘，为玄武岩—安山岩—流纹岩与闪长玢岩及辉绿玢岩组合，形成于前陆盆地环境。上述火山岩构成这一时段的弧盆系火山岩构造组合。值得一提的是，早侏罗世沿临沧—景洪一带有后造山环境的火山岩，说明此时该区已经进入后造山时期。此外，本区还分布有颇具规模的德钦（一维西）蛇绿混杂岩带，由火山岩构造岩片、绿片岩构造岩片、超镁铁质岩构造岩片（块）、镁铁质岩构造岩片（块）等构成。火山岩主要是拉斑系列玄武岩，形成于洋中脊环境。绿片岩的原岩可能是中基性火山碎屑岩，属于远离火山喷发源区的火山—沉积组合。超镁铁质岩有蛇纹岩、橄榄岩、超镁铁质堆晶岩、变质橄榄岩等。镁铁质岩有辉长岩、辉绿岩等。可能还存在硅质岩或含铁锰的硅质岩。它们形成于石炭纪弧后扩张，在弧后小洋盆俯冲消减过程中形成具有增生楔特征的蛇绿混杂岩带。

第三期火山岩浆活动出现在古近纪—新近纪，包括古近纪沱沱河组（Et）和贡觉组（Eg）、古近纪—中新世查宝马组（EN_1C）、渐新世—中新世松西组（E_3N_1s）、中新世拉屋拉组（N_1l）和上新世剑川组（N_2j）。沱沱河组（Et）在开心岭—江达一带、昌都地块、那底岗日均有所出露，为橄榄安粗岩系列粗面岩—流纹岩—安粗岩—粗面质火山角砾岩组合，形成于后碰撞环境。贡觉组（Eg）在开心岭—江达一带、昌都地块、各拉丹东—类乌齐一带、澜沧江带均有所出露，为橄榄安粗岩系列粗面岩—安山岩—玄武岩组合，形成于后碰撞环境。查宝马组（EN_1c）仅出露于那底岗日一带，为橄榄安粗岩系列粗面岩，形成于后碰撞环境。松西组（E_3N_1s）仅出露于各拉丹东—类乌齐一带，为橄榄安粗岩系列安山岩—碱性玄武岩组合，形成于后碰撞环境。拉屋拉组（N_1l）仅在开心岭—江达一带的西藏境内有所出露，为橄榄安粗岩系列粗面岩—粗安岩—粗面质凝灰岩—粗面质火山角砾岩组合，形成于后碰撞环境。剑川组（N_2j）仅出露于思茅地块之上，为橄榄安粗岩系列粗面岩—粗面质火山角砾岩组合，形成于后碰撞环境。

（十六）班公—双湖—怒江火山岩区

该火山岩构造岩浆岩省是位于南侧冈瓦纳陆块群大陆边缘系统和北侧泛华夏陆块群大陆边缘系统之间的大洋盆地，北以龙木错—双湖—类乌齐断裂带为界，东以类乌齐—澜沧江西—昌宁—打洛断裂带为界，南界为噶尔—班戈—洛隆断裂带和八宿—贡山—昌宁—耿马断裂带，向西延出国境进入克什米尔地区，包括龙木错—澜沧江火山岩带、班公—怒江火山岩带。

1. 龙木错—澜沧江火山岩带

该火山岩带先后有四期火山岩浆活动。

第一期为中新元古代吉塘岩群（$Pt_{2-3}Jt.$），是一套变质程度达高绿片岩相、局部达角闪岩相的无序岩石地层单元，沿索县—类乌齐一带出露，构成他念他翁山脉的西延部分。该岩群为角闪斜长片麻岩—变粒岩—斜长角闪岩—钠长片岩—石英片岩，原岩为碎屑岩夹中基性火山岩建造，可能形成于古岛弧环境。何世平等（2011）测得其中绿泥片岩的原岩年龄为1048.2~965Ma。

第二期为新元古代—寒武纪酉西岩群（$Pt_3\epsilon Y.$）变质的中基性火山岩，可能形成于裂谷环境，主要出露于类乌齐—左贡一带，构成他念他翁山的主脊。

第三期为石炭纪—早白垩世，包括石炭纪—二叠纪混杂岩组（$CPm.$）、晚石炭世展金组（C_2z）和擦蒙组（C_2c）、晚三叠世甲丕拉组（T_3j）、早中侏罗世那底岗日组（$J_{1-2}nd$）、早白垩世美日切错组（K_1m）和去申拉组（K_1q）。混杂岩组（$CPm.$）沿多木拉—查多岗日—双湖一带出露，是一套含蛇绿岩构造岩块和高压—超高压变质岩构造岩片和岩块的混杂岩，同时含有火山岩构造岩片（块）、超镁铁质岩构造岩块、镁铁质岩构造岩块、强烈片理化的绿片岩和蓝闪石片岩构造岩片。火山岩主要是拉斑玄武岩，与生物碳酸盐岩紧密伴生，构成典型的洋岛火山岩组合。展金组（C_2z）在龙木错—鲁玛江冬错一带和多木拉—双湖一带均有出露，擦蒙组（C_2c）仅出露于多木拉—双湖一带，均为形成于陆缘裂谷环境的拉斑玄武岩。在多木拉—查多岗日—双湖一带，展金组和擦蒙组的陆缘裂谷火山岩构造岩块与含蛇绿岩构造岩块、超高压—高压变质岩构造岩片（块）的混杂岩紧密伴生，构成典型的俯冲增生杂岩带或增生楔。甲丕拉组（T_3j）沿索县—左贡一带仅有少量出露，为英安岩—流纹岩组合，属于晚期岛弧火山岩组合。那底岗日组（$J_{1-2}nd$）沿多木拉—查多岗日—双湖一带出露，为英安岩—流纹岩组合，属于晚期岛弧或远离俯冲带的岛弧火山岩组合。美日切错组（K_1m）出露于多木拉—双湖一带，为流纹岩—流纹质凝灰岩组合，形成于岛弧环境。去申拉组（K_1q）沿多玛—巴青一带出露，为安山岩—安山质凝灰岩组合，形成于岛弧环境。上述岛弧火山岩同样以构造岩片（块）的形式产出，也属于在班公—双湖—怒江洋盆俯冲过程中构造卷入的岩片和岩块，是这一时期增生楔的组成部分。

第四期为古近纪—全新世，包括古近纪美苏组（Em）、沱沱河组（Et）和纳丁错组（En），古近纪—中新世查宝马组（EN_1c），渐新世—中新世松西组（E_3N_1s），新近纪—第四纪鱼鳞山组（NQy），更新世贡木淌组（Qpg）。美苏组（Em）出露于龙木错—鲁玛江冬错一带，为玄武岩—安山岩—流纹岩组合，属于较典型的弧火山岩组合，形成于滞后弧环境。沱沱河组（Et）出露于多木拉—双湖一带，为粗面岩—流纹岩—安粗岩—粗面质火山角砾岩组合，形成于后碰撞环境；纳丁错组（En）沿多玛—巴青一带出露，为安山岩—碱性玄武岩组合；查宝马组（EN_1c）粗面岩同样沿多玛—巴青一带出露；松西组（E_3N_1s）粗面岩在龙木错—鲁玛江冬错、多木拉—双湖、多玛—巴青一带均有所出露；鱼鳞山组（NQy）粗面岩仅出露于多木拉—双湖一带；贡木淌组（Qpg）沿多玛—巴青一带出露，为橄榄玄武岩—碱性玄武岩—辉绿岩组合。上述火山岩除了美苏组形成于滞后弧环境以外，其余都是形成于后碰撞环境的橄榄安粗岩系列火山岩组合，特别是在晚期组分中出现的橄榄玄武岩，说明后碰撞晚期岩石圈增厚到开始局部拆沉，引发幔源岩浆的喷出。

2. 班公—怒江火山岩带

该火山岩带先后出现四期火山岩浆活动。

第一期为中新元古代，包括中元古代澜沧江岩群（$Pt_2L.$）、新元古代王雅岩组（$Pt_3w.$）和允沟岩组（$Pt_3y.$），都出露于昌宁—孟连一带。澜沧江岩群（$Pt_2L.$）是一套低绿片岩相含基性火山岩的含碳细碎屑岩无序岩石组合，下部为深水—半深水碎屑浊流沉积，已变质成碳质绢云千枚岩—石英千枚岩组合；上部为高压变质相，由含基性火山岩的深水火山浊流沉积变质而成，推测形成于古岛弧环境，在班公—怒江洋盆俯冲消减过程中构造卷入到增生楔中，并发生印支期蓝闪石变质作用。允沟岩组（$Pt_3y.$）是一套含基性火山岩的细碎屑岩建造，变质成千枚岩—变石英砂岩与钠长阳起片岩组合；王雅岩组（$Pt_3w.$）含酸性火山岩的细碎屑岩组合已变质成千枚岩与钠长石英片岩组合；这两个岩组构成双峰式火山岩组合，可能形成于古裂谷环境。

第二期为志留纪—二叠纪，包括晚古生代嘉玉桥群（Pz_2J）、中泥盆世茶桑组（D_2C），早石炭世邦达岩组（C_1b）、错绒沟岩组（$C_1c.$）和古米岩组（$C_1g.$），石炭纪—二叠纪荣中岩群（Pz_2R）、俄学岩群（$CPE.$）和苏如卡岩组（$CPs.$），早石炭世平掌组（C_2pz）、晚石炭世依柳组（C_1y）、石炭纪玄武岩（β）。荣中岩群沿怒江一带出露，为典型的玄武岩—生物碳酸盐岩洋岛海山组合，以构造岩片（块）出露于增生楔中。嘉玉桥群沿聂荣一带和怒江一带均有所出露，是一套变质程度达高绿片岩相的半深海相碎屑浊流沉积岩，包括钠长片岩、黑云母斜长片岩、斜长角闪片岩等，原岩为中基性火山岩，同时还夹有蛇绿岩组分的构造岩块。泥盆系—二叠系沿怒江一带出露，总体上属于一套从半深海碎屑浊流沉积到深海远洋碎屑浊流沉积岩，遭受强烈的透入性片理化，绝大部分呈构造岩片产出，其中夹有蛇绿岩组分的构造岩块（片）及碳酸盐岩、砂岩、大理岩、深海远洋硅质岩等其他岩石的构造岩片

（块），在邦达岩组中夹有流纹岩，错绒沟岩组中央有玄武岩及辉绿岩，俄学岩群中含有深海远洋硅质岩。平掌组、依柳组、石炭纪玄武岩都沿昌宁—孟连一带出露。平掌组含玄武岩—玄武安山岩组合，依柳组含玄武岩—玄武安山岩—安山岩—粗面岩组合，它们均与生物碳酸盐岩伴生，构成洋岛海山组合，并在班公—怒江洋盆俯冲消减过程中构造卷入到增生楔中。此外，该时期还形成若干蛇绿混杂岩：①班公湖—怒江西段蛇绿混杂岩：沿班公—怒江带西段出露，在一些地段发育有较为完整的蛇绿岩序列，包括地幔单元的变质橄榄岩、超镁铁质堆晶岩、镁铁质堆晶岩、辉长岩、辉绿岩席状岩墙群，上部单元的玄武岩、放射虫硅质岩等，硅质岩中含晚侏罗世放射虫。在蛇绿混杂岩中硅质岩所含的放射虫时代属于侏罗纪，晚侏罗世—早白垩世沙木罗组不整合在蛇绿混杂岩之上（潘桂棠等，2004）。除此之外，在整个班公湖—怒江西段蛇绿混杂岩中，还有大量的火山岩、结晶灰岩、大理岩、变质砂岩、硅质岩等构造岩块，最大的构造岩块延伸可达 1~10km，蛇绿混杂岩带的基质中含单珊瑚、腹足类、双壳类、牙形等化石，时代为早中侏罗世。②聂荣蛇绿混杂岩：出露于聂荣一带，超镁铁质岩和镁铁质岩构造岩块（片）零星夹杂于强烈片理化的侏罗纪深海远洋—半深海浊积岩构成的基质中，成为聂荣增生楔的组成部分。③丁青蛇绿混杂岩：沿丁青一带出露，是构成怒江增生楔的主体之一，由超镁铁质岩构造岩块（片）混杂在强烈片理化的三叠纪—早中侏罗世深海—半深海碎屑浊积岩中构成。④丙中洛—马吉蛇绿混杂岩：沿滇西北怒江自治州的丙中洛—马吉一带出露，由超镁铁质岩、镁铁质岩、绿片岩、斜长角闪岩、变质玄武岩、枕状玄武岩、英云闪长岩等构造岩片及基质构成，时代为石炭纪—三叠纪。⑤昌宁—孟连蛇绿混杂岩，沿滇西的昌宁—铜厂街—孟连一带出露，由超镁铁质岩、镁铁质岩、绿片岩、斜长角闪岩、变质玄武岩、枕状玄武岩、英云闪长岩等构造岩片及基质构成。在牛井山、孟连等地则由蛇纹岩、超基性、苦橄玢岩、辉长岩、辉绿岩等构造岩片（块），以及非蛇绿岩组分的碳酸盐岩、基底变质岩系的构造岩片（块）和强烈片理化基质构成，基质主要为远洋—深海浊积岩、火山碎屑岩等，在牛井山—铜厂街一带的斜长角闪岩中可见发育良好的火成堆积层理，其中玄武岩属洋中脊玄武岩和洋底拉斑玄武岩。该蛇绿岩经历了复杂的构造演化，结合晚三叠世三岔河组不整合覆于铜厂街一带的蛇绿混杂岩之上、平掌组洋岛玄武岩广泛分布等（云南省成矿地质背景研究报告提供，2013），该蛇绿岩可能从 Rodinia 超大陆裂离之后就出现，一直延续到中三叠世末。

第三期为中侏罗世—晚白垩世末，包括中晚侏罗世接奴群（$J_{2\text{-}3}Jn$）、早白垩世仲岗岩组（$K_1z.$）和去申拉组（K_1q）、白垩纪玉多组（$K_{1\text{-}2}y$）。接奴群在班公湖—怒江西段吉聂荣一带均有出露，为橄榄玄武岩—安山岩—英安岩—火山碎屑岩与碎屑岩组合，形成于岛弧环境。仲岗岩组、去申拉组和玉多组（$K_{1\text{-}2}y$）只出露在班公湖—怒江带的西段。仲岗岩组为玄武岩—生物碳酸盐岩构成的典型洋岛海山组合；去申拉组（K_1q）为辉石安山岩—凝灰岩与碎屑岩组合，形成于岛弧环境；玉多组（$K_{1\text{-}2}y$）为玄武岩—安山岩—英安岩—流纹岩—凝灰岩与碳酸盐岩组合，形成于岛弧环境。这一时期还有大量的超镁铁质岩和镁铁质岩出露，构成蛇绿混杂岩。上述不同环境的火山岩绝大部分呈构造岩片（块）产出，与同期超镁铁质岩、镁铁质岩构造岩块（片）一起构成含蛇绿岩构造岩块的俯冲增生杂岩或增生楔。

第四期为古近纪美苏组（Em），沿班公湖—怒江带西段日土—盐湖—达则错出露，为玄武岩—安山岩—英安岩—火山碎屑岩组合，形成于滞后弧环境。

（十七）冈底斯—喜马拉雅火山岩区

该火山岩构造岩浆岩省北接班公—怒江火山岩构造岩浆岩省，南至国境线，东南端进入缅甸境内，向西延伸进入克什米尔及印度境内，包括冈底斯—保山火山岩带、喜马拉雅火山岩带。

1. 冈底斯—保山火山岩带

该火山岩带先后有六期火山岩浆活动。

...

第一期为中新元古代念青唐古拉岩群（Pt$_{2-3}$Nq.），在噶尔—措勤—申扎一带、当雄—波密—察隅一带、冈仁波齐峰—拉萨—林芝一带、墨脱—瓦泽一带均有出露，可能属于拉萨地块的基底岩系，是一套变质程度达角闪岩相的无序岩石地层单元，局部变质程度较低，为低绿片岩相，形成石英片岩—斜长角闪岩—角闪斜长变粒岩—石榴石角闪斜长片麻岩组合、阳起绿帘绿泥片岩—大理岩—变砂岩—千枚岩组合，原岩恢复为含基性—中酸性火山岩的碎屑岩夹碳酸盐岩组合，其中斜长角闪岩的 SHRIMP 锆石 U-Pb 年龄为（781±11）Ma，与之伴生的变质深成侵入岩和未变质侵入岩的年龄分别为（1283±2）Ma 和（748±8）Ma（何世平等，2011）；变质深成侵入岩为TTG 组合，推测可能属于古岛弧环境。缅甸境内及延入我国西藏境内的德姆拉岩群（Pt$_{2-3}$D.）相当于念青唐古拉岩群（Pt$_{2-3}$Nq.）。尼玛县帮勒村一带的念青唐古拉岩群中发育以变流岩为主、变玄武岩为辅的拉斑系列双峰式火山岩组合，形成于陆缘裂谷（西藏自治区成矿地质：背景研究报告，2013）。由此可见，念青唐古拉岩群是一个无序的岩石地层单元，其中所含火山岩的变 质程度不同，形成的构造环境也有所差异。

第二期为晚寒武世核桃坪组（€$_3$h），火山岩出露范围极其有限，仅在滇西的潞西一带有零星出露，为玄武岩—安山玄武岩与英安岩组合，其 LA-ICP-MS 锆石 U-Pb 年龄为 498Ma，可能为泛非期冈瓦纳大陆拼合过程中的产物。前二叠纪岔萨岗岩组（AnPc.）出露于工布江达县松多一带，为一套绿片岩相变质岩系夹基性火山岩，推测其时代属于寒武纪晚期，亦与泛非构造岩浆事件有关。

第三期为奥陶纪—泥盆纪，火山岩浆活动的地质记录可能全部保留在古生代蒲满哨群（PzPm）中，其为一套变质程度达角闪岩相且程度不均一的无序岩石地层单元，仅沿滇西的潞西一带出露，构成斜长角闪岩—斜长角闪片岩—角闪绿帘斜长片岩—黑云母斜长片岩—变英安岩—变流纹岩—变玄武岩组合，其中火山岩的 LA-ICP-MS 锆石 U-Pb 年龄为 499Ma（云南省火山岩专题图件说明书，2013），属拉斑系列，源区既有幔源也有壳幔混源，其成因还有待进一步研究。根据现有资料，推测蒲满哨群可能是冈瓦纳超大陆裂离过程中奥陶纪—泥盆纪弧盆系活动的产物。

第四期为石炭纪—早二叠世，包括早石炭世张家田组（C_1z）、晚石炭世—早二叠世来姑组（C_2P_1l）、早二叠世卧牛寺组（P_1w）。张家田组和卧牛寺组出露于滇西的潞西一带，其中张家田组火山岩为拉斑玄武岩系列玄武岩—玄武质凝灰岩组合，与半深水相硅质岩、硅质泥岩共生，形成于裂谷环境；卧牛寺组为一套裂隙式爆发—喷溢相与爆发—沉积相组成的拉斑玄武岩系列基性火山岩系，构成玄武岩与少量安山玄武岩组合，形成于大陆板内环境，可能与石炭纪—早二叠世冈瓦纳超大陆的强烈裂离作用相关。来姑组出露于当雄—波密—察隅一带，为玄武岩—玄武安山岩—安山岩—英安岩与角砾熔岩—凝灰岩组合，总体显示从基性到酸性复杂多样的钙碱性系列组合特征，形成于活动陆缘弧或活动陆缘裂谷环境。

第五期为中二叠世—古近纪末，包括中二叠世洛巴堆组（P_2l）、早中三叠世查曲浦组（$T_{1-2}c$）、晚三叠世谢巴组（T_3xb）和牛喝塘组（T_3n）、早中侏罗世叶巴组（$J_{1-3}y$）、中侏罗世勐嘎组（J_2m）、早白垩世去申拉组（K_1q）、则弄组（K_1z）和比马组（K_1b）、早晚白垩世玉多组（$K_{1-2}y$）和朱村组（$K_{1-2}z$）、古新世典中组（E_1d）、始新世年波组（E_2n）和帕那组（E_2p）、古近纪美苏组（Em）。洛巴堆组沿冈仁波齐峰—拉萨—林芝一带出露，为玄武岩—玄武安山岩—安山岩—英安岩与凝灰熔岩—凝灰岩组合，形成于陆缘弧或岛弧环境。查曲浦组沿冈仁波齐峰—拉萨—林芝一带出露，为安山质火山角砾岩—辉石安山岩—安山岩—凝灰岩—英安岩与凝灰质砂岩—砂岩组合，SHRIMP 锆石 U-Pb 年龄为（255 ± 4）Ma，形成于岛弧环境。谢巴组仅出露于冈仁波齐峰—拉萨—林芝一带的然乌及其以南至察隅古拉乡一带，由一套滨浅海相安山岩、英安岩、安山质角砾岩、凝灰岩等组成，火山岩为钙碱性系列，形成于岛弧环境。牛喝塘组沿保山地块西缘的潞西一带出露，为高钾钙碱性系列玄武岩—安山玄武岩与英安岩—流纹岩组合，推断形成于岛弧环境。叶巴组沿冈仁波齐峰—拉萨—林芝一带的拉萨、达孜至墨竹工卡之间出露，为玄武岩—英安岩双峰式组合，推测其形成于岛弧环境，并可能有部分形成于弧后扩张环境。勐嘎组沿保山地块西缘的施甸东别—鲁多一线以西出露，为橄榄玄武岩—玄武质凝灰岩组合，推断形成于岛弧环境。去申拉组（K_1q）沿改则—班戈—八宿一带出露，为钙碱性系列玄武岩—玄武安山岩—安山岩组合，形成于成熟火山岛弧环境。则弄组和玉多组大面积出露于隆格尔—措卖断裂以南和狮泉河—永朱—纳木错—嘉黎断裂之间，比马组（K_1b）沿冈仁波齐峰—拉萨—林芝一带的桑日、尼木、曲水、南木林等地断续出露，为钙碱性系列玄武安山岩—安山岩—英安岩—凝灰岩组合，形成于岛弧环境。朱村组仅出露于八宿县一带，与下伏地层呈不整合接触，为玄武岩—玄武安山岩—安山岩—英安岩—流纹岩组合，形成于岛弧环境。典中组在噶尔—措勤—申扎一带及冈仁波齐峰—拉萨—林芝一带均有所出露，以钙碱性系列安山岩为主，含少量英安岩、流纹岩、玄武安山岩和安粗岩，年龄为65~60Ma，形成于大陆边缘弧环境。年波组在噶尔—措勤—申扎、当雄—波密—察隅、冈仁波齐峰—拉萨—林芝等地都有所出露，形成于54Ma左右，为高钾钙碱性系列安山岩—流纹岩与少量玄武粗安岩组合。帕那组（E_2p）出露范围同年波组一样，形成年代为48.7~43.9Ma，为高钾流纹质熔结凝灰岩及少量熔岩。帕那组为过铝质高钾钙碱性系列，形成于晚期岛弧环境。典中组、年波组和帕那组自下而上构成"林子宗火山岩"的三个喷发旋回，提供了从新特提斯洋俯冲消减过渡到印度—欧亚陆陆碰撞的深部岩石圈响应的岩石学记录。古近纪美苏组仅沿噶尔—措勤—申扎一带出露，为基性—中性—酸性火山岩组合，形成于岛弧或滞后弧环境，与新特提斯洋的俯冲及深部俯冲有关。综上所述，该期火山岩浆活动主要与新特提斯洋盆的洋陆演化过程相关，可能有部分出露于该火山岩带北带的一些早期火山岩浆活动与班公—双湖—怒江洋的洋陆转化构成相关。

第六期为中新世—全新世，包括新近纪布嘎寺组（Nb）、第四纪贡布淌组（Qg）、上新世芒棒组（N_2m）、早更新世火山岩（Qp_1）、晚更新世火山岩

（Qp$_3$）和全新世火山岩（Qh）。布嘎寺组沿噶尔—措勤—申扎一带和当雄—波密—察隅一带均有出露，以粗面质熔岩为主，夹火山碎屑岩及少量凝灰质砂砾岩，属于钾质—超钾质岩系，喷发时间为中新世早期，形成于后碰撞环境；贡布淌火山岩仅沿噶尔—措勤—申扎一带出露，为橄榄玄武岩—碱玄岩—碱玄质响岩组合，属钾玄岩系列—钾质碱性玄武岩系列，属壳源成因，形成于后碰撞环境，区域上可与赛利普组火山岩、许如错火山岩对比，但周肃等（2005）测得贡木淌火山全岩 Ar–Ar 年龄为 16.5~16.3Ma（赵志丹等，2006），时代与布嘎寺火山岩相当，因而不排除这些火山岩的时代更早，且与高原南北向正断层及南北向裂谷、地堑具有成因上的关联。芒棒组、早更新世火山岩、晚更新世火山岩和全新世火山岩都出露于腾冲一带。芒棒组为碱性玄武岩—玄武岩，早更新世火山岩为英安岩—流纹岩组合，晚更新世火山岩为碱玄岩—玄武岩—玄武安山岩组合，全新世火山岩为玄武安山岩—安山岩组合，它们总体上均属橄榄安粗岩系列，推断形成于后碰撞环境，与欧亚大陆与印度次大陆碰撞的后碰撞效应相关。关于腾冲地区新生代火山岩形成的构造环境尚有多种见解，赵崇贺等（1992）曾提出"滞后型弧"环境，云南省潜力资源评价火山岩研究组的同仁认为早期属于后造山双峰式组合，晚期为后造山高钾钙碱性玄武岩—安山岩组合，归入新特提斯洋盆闭合（约60Ma）后的后造山岩浆活动产物。

2. 喜马拉雅火山岩带

喜马拉雅火山岩带位于冈底斯—喜马拉雅火山岩构造岩浆岩省的南带，主要包括雅鲁藏布江和康马—隆子两个火山岩区。此外，在雅鲁藏布江地区还分布有三叠纪—白垩纪蛇绿混杂岩和晚三叠世—古近纪洋底玄武岩，康马—隆子地区则出露晚三叠世—早白垩世陆缘裂谷火山岩。

（1）雅鲁藏布江蛇绿混杂岩（T–K）及洋底玄武岩（T$_3$–E）分布区。

该区先后有三期火山岩浆活动。

第一期为二叠纪，包括早二叠世才弄把组（P$_1$c）和晚二叠世姜叶玛马组（P$_2$jy）。才弄把组仅在仲巴—门土公路沿线的玛旁雍错东北有所出露，为变质基性火山岩与碳酸盐岩组合，属于较典型的洋岛海山组合，以构造岩块的形式出露于雅鲁藏布江增生楔中，可能属于二叠纪特提斯多岛洋盆中的火山岩残留，在白垩纪—古近纪俯冲—碰撞过程中构造卷入到增生楔中。姜叶玛马组在雅鲁藏布江南岸拉孜附近有较大面积出露，以构造岩块集合体的形式产出，为碳酸盐岩—玄武岩组合，属于典型的洋岛海山组合，是在白垩纪—古近纪新特提斯洋俯冲消减过程中构造卷入、形成于早期特提斯洋盆的火山岩构造岩块。

第二期为晚三叠世—始新世，包括晚三叠世修群组（T_3x）、古新世—始新世磴岗组（$E_{1-2}dg$），始新世桑单林组（E_2s）、郭雅拉组（E_2g）和盐多组（E_2y）。此外，还有大致同一时期的雅鲁藏布江蛇绿混杂岩带。修群组玄武岩夹于半深海—深海浊积岩中，沿雅鲁藏布江带中西段广泛出露，形成于洋底环境或洋底高原环境。桑单林组安山玄武岩夹于深海—半深海浊积岩中，出露于雅鲁藏布江西部白旺、雄纳龙、章扎一带，形成于洋底环境或斜坡—半深海环境。磴岗组、郭雅拉组出露于雅鲁藏布江西段，主要为玄武岩，夹于深海—半深海浊积岩中，形成于洋底或斜坡环境。盐多组出露于普兰县一带，为玄武岩—玄武质角砾熔岩与硅质岩—泥岩组合，形成于洋底或洋底高原环境。上述火山岩都是在晚白垩世—始新世新特提斯洋俯冲消减过程中卷入到增生楔中。

雅鲁藏布江蛇绿混杂岩带近东西向展布于雅鲁藏布江谷地两侧，延伸2200km以上，南北宽5~15km，在我国西藏境内断续出露长逾1500km，被肢解的蛇绿岩套都以蛇绿混杂岩的形式产出，同洋底玄武岩、深海—半深海浊积岩、洋内弧火山岩（玻安岩）等构造岩片（块）共同构成俯冲增生杂岩带，包括百余个超镁铁质岩体（岩体群），可划分为西、中、东三段，分别介绍如下。

①西段在萨嘎以西至中印边境一带，仲巴—扎达地块将其分隔为南、北两个亚带。西段南亚带西起札达达巴乡，经普兰拉昂错东延至仲巴县帕羊乡休古嘎布一带，呈 NWW 向展布，长约 400km，宽 10~35km，强烈蛇纹石化

的超镁铁质岩体主要由地幔橄榄岩组成，有少量镁铁—超镁铁岩墙，包括辉绿岩、辉长岩、异剥辉石岩，缺少典型蛇绿岩套中的洋壳单元。根据放射虫组合和洋岛型玄武岩 K-Ar 年龄为（168.5±17.4）Ma、洋岛型辉长岩 K-Ar 年龄为（190.0±19.1）Ma（1∶25 万萨嘎县幅区调报告，2002），拉昂错伟晶辉长岩脉中的钙斜长岩 $^{40}Ar/^{39}Ar$ 年龄为 127.85Ma，休古嘎布变辉绿岩中角闪石 $^{40}Ar/^{39}Ar$ 年龄为（125.21±5.33）Ma（1∶25 万扎达县—姜叶马幅和 1∶25 万普兰县—霍尔巴幅区调报告，2004），推断其形成于早侏罗世—早白垩世，结合其中大量分布中晚三叠世和晚白垩世放射虫硅质岩，则南亚带的洋盆发育时限可能为晚三叠世—晚白垩世。西段北亚带自萨嘎向西沿马攸木山口、冈仁波齐峰南坡和阿依拉主脊一线断续展布，超镁铁质岩与中生代和古近纪构造岩片共同构成俯冲增生杂岩带。近年来，在该加纳崩和龙吉附近的红色泥晶灰岩岩块中发现丰富的深水型有孔虫化石，与喜马拉雅被动边缘盆地耳拉组（E_{1-2}）中的浅水型浮游有孔虫时代一致，代表了雅鲁藏布江洋盆沉积及其时限。

②中段位于雅鲁藏布江沿岸的仁布—昂仁一带，呈带状展布，长约 600km，带内蛇绿岩各单元出露齐，为至今已知雅鲁藏布江蛇绿混杂岩带中保存较好且有较完整的蛇绿岩序列的地段，超镁铁质及镁锣杂岩主要形成于侏罗纪—白垩纪。在大竹卡剖面上可见自下而上由地幔橄榄岩、火成堆晶岩、席状岩床（墙）群和枕状熔岩构成的典型蛇绿岩套层序（王希斌等，1981）。

③东段由曲水向东至墨脱一带，包括大拐弯地区，全长约 500km，典型超镁铁质—镁铁质杂岩体露有罗布莎、泽当、墨脱等岩体。罗布莎岩体的蛇绿岩序列已被肢解，现仅存堆晶杂岩和地幔橄榄岩，中超镁铁质堆晶岩下部由纯橄岩和辉石岩组成，中部为单一的纯橄岩层，上部由异剥橄榄岩和辉石岩辉长岩组成。地幔橄榄岩主要为方辉橄榄岩和纯橄岩与少量二辉橄榄岩组合，推断属 SSZ 型蛇绿岩，其中辉绿岩 SHRIMP 锆石 U-Pb 年龄为（162.9±2.8）Ma（钟立峰等，2006），上部枕状玄武岩 Rb-Sr 等线年龄为（173.3±10.9）Ma（陕西省地矿局，1995）。泽当岩体为变质橄榄

岩、辉长辉绿岩、中基性熔、硅质岩组合，呈构造岩块产出，与围岩亦呈断裂接触。硅质岩中放射虫化石组合时代为晚侏罗世—白垩世和中晚三叠世，蛇绿岩顶部和底部枕状玄武岩 Rb-Sr 等时线年龄为 168~215Ma（高洪学、宋季，1995）。在加查—朗县一带蛇绿混杂岩中，王立全等（2008）获得辉绿岩和玄武岩的 SHRIMP 锆 U-Pb 年龄分别为 191.4~145.7Ma、（147.8±3.3）Ma。墨脱岩体为变辉长岩、变辉绿岩、变辉橄岩、蛇滑石化闪石片岩类组合，与白垩纪混杂岩类围岩呈断裂接触。雅鲁藏布江大拐弯一带超镁铁质岩中的石 $^{40}Ar/^{39}Ar$ 年龄为（200±4）Ma（耿全如等，2004），马尼翁—米尼沟变质蛇绿混杂岩带中斜长石和角闪石 K-Ar 年龄分别为（141.7±2.5）Ma 和（218.6±3.6）Ma（章振根等，1992），说明形成时代主体为侏罗纪—白垩纪。

雅鲁藏布江蛇绿混杂岩带的西、中、东三段蛇绿混杂岩中，超镁铁质—镁铁质岩体（习惯上称作绿岩体）都以构造岩块的形式产出，并与晚三叠世、侏罗纪—白垩纪、古近纪及始新世构造岩片（块）共同构成增生楔或俯冲增生杂岩带。修康群（T_3X）和嘎学群（J_3K_1G）碎屑浊流沉积岩中含蛇绿岩岩块硅质岩及二叠纪大理岩等岩块，属于俯冲增生过程中卷入的外来岩块，其中硅质岩中放射虫化石时代为中晚三叠世、晚侏罗世—早白垩世。

第三期为新近纪布嘎寺组（Nb），仅在仲巴西部出露，以钾质—超钾质岩系粗面质熔岩为主，夹火山碎屑岩及少量凝灰质砂砾岩，形成于后碰撞环境。

（2）康马—隆子陆缘裂谷火山岩区（T_3-K_1）。

该火山岩区位于前一火山岩区之南，火山岩浆活动从晚三叠世延续到早白垩世，包括晚三叠世涅女组（T_3n）、早侏罗世日当组（J_1r）、中侏罗世遮拉组（J_2zh）、晚侏罗世—早白垩世桑秀组（J_3K_1s）、早白垩世加不拉组（K_1jb），均沿康马—隆子一带出露。涅如组主要为强蚀变玄武岩，起源于 MORB 型地幔，形成于陆缘裂谷环境，对应于新特提斯洋盆从晚三叠世开始的强烈扩张。日当组和遮拉组主要为蚀变玄武岩，地球化学特征与早三叠世热马组玄武岩相似，兼具 E-MORB 和 OIB 特征（Jochum 等，1991），构造形成环境同涅如组火山岩，但反映岩石圈伸展更为强烈。桑秀组出露最广，主体为块状碱性玄武岩夹安山岩—英安岩—流纹英安岩等，局部还可见枕状玄武岩和英安岩，总体属于双峰式组合，其中下部玄武岩与中侏罗世遮拉组玄武岩类似，形成于陆缘裂谷环境，而中上部玄武岩则与大洋板内玄武岩相似，说明其岩浆源区更趋向于 P-MORB，同样反映强烈的伸展动力学背景。加不拉组主要为碱性玄武岩，岩浆源区为 OIB 特征，形成于拉张减薄环境。总体来看，从晚三叠世开始到早白垩世时，康马—隆子边缘裂谷形成以玄武岩和碱性玄武岩为主的岩石组合，对应着新特提斯洋盆在这一时期的强烈张，早白垩世时岩石圈拉张程度减弱，拉张速度变慢，可能与新特提斯洋由强烈扩张向收缩消减的转化相关。

第三章　中国重点地区火山岩特征

一、火山岩旋回

　　火山岩构造旋回系指与大地构造演化阶段相关联、大区域火山岩浆活动所呈现的时间上的阶段性和构造—岩浆演化的方向性。

　　火山岩构造岩浆旋回常与超大陆或次超大陆旋回相关联。超大陆从裂离到再次重组即构成一个火山岩构造岩浆旋回，因而超大陆构造岩浆旋回常被用来描述超大陆旋回中的岩浆作用过程。略有不同的是，本次划分的火山岩构造岩浆旋回包括了自形成→演化→消亡全过程中的火山岩（表 3-1）。

表 3-1　中国火山岩构造岩浆岩旋回一览表

地质时代	旋回	亚旋回	天山—兴蒙	华北	塔里木—阿拉善	秦祁昆	云开—武夷	扬子	羌塘—三江	班公—双湖—怒江	冈底斯—喜马拉雅	滨太平洋	旋回
Q	环太平洋旋回		+	++		+	+		+	+	+	++	
N		⑥	+	+		+			+	+	+	++	
E			+			+			+	+	++	++	特提斯—喜马拉雅旋回
K₂		⑤	+		+	+			+	+	++	++	
K₁			+		+	+			+	+	++	++	
J		④	+		+	+			+	+	+	++	
T₃			+			+			+	+	+	+	
T₂									+	+			
T₁									+	+			
P	南华纪—中三叠世旋回	③	++			+	+	++	+	+	+		
C			++			+			+	+	+		
D₃			+			+				+	+		
D₂			+				+	+		+	+		
D₁			+								+		
S		②	+			+	+	+		+	+		
O			++			++				+	+		
Є			+								+		泛非期旋回
Z		①	+										
Nh			+		+	+	+	++	+				

续表

地质时代	旋回	亚旋回	天山—兴蒙	华北	塔里木—阿拉善	秦祁昆	云开—武夷	扬子	羌塘—三江	班公—双湖—怒江	冈底斯—喜马拉雅	滨太平洋	旋回
Qb			+			+	+	+					
Jx			+					+	+	+	+		
Ch	前南华旋回		+	+	+	+	+	+	+	+	+		前泛非期旋回
Pt₁			+	+	+	+							
Ar			+	+	+								

注：+ 表示环太平洋火山岩构造岩浆旋回形成的火山岩，++ 表示特提斯—喜马拉雅火山岩。

二、火山岩类型

根据松辽盆地 127 口探井所揭示的火山岩类型，并参考准噶尔地区火山岩的类型，采用三级分类原则。

（1）一级分类：按岩石结构—成因将本区火山岩划分为火山熔岩、火山碎屑熔岩、火山碎屑岩、沉火山碎屑岩四大类。

（2）二级分类：按岩石常量元素化学成分划分为五类，并分别以玄武质、安山质、流纹质等冠名，划分标准如下。

基性岩类：SiO_2 含量为 45%~52%，如玄武质。

中基性岩类：SiO_2 含量为 52%~57%，如玄武安山质。

中性岩类：SiO_2 含量为 52%~63%，如安山质。

中酸性岩类：SiO_2 含量为 63%~69%，如英安质。

酸性岩类：SiO_2 含量大于 69%，如流纹质。

（3）三级分类：按矿物成分、特征结构、火山碎屑粒级及其比例确定具体岩石类型。

火山熔岩类：是熔浆喷溢至地表经"冷凝固结"而成的岩石。

火山碎屑熔岩类：包括具有碎屑熔岩结构和熔结结构的两部分火山碎屑熔岩。

火山碎屑岩类：是火山作用形成的各种火山碎屑堆积物经过"压实固结"而成的岩石。

下面从岩石的颜色、化学成分、矿物成分、结构构造、裂缝等方面，详细描述 20 种松辽盆地深层火山岩类型和鉴别特征。

1. 玄武岩

玄武岩为基性火山熔岩，岩石颜色比较深，呈暗黑色，风化面紫红或深褐色等，多为半晶质结构，具有斑状结构，基质为间粒结构、间隐结构或拉玄结构，有时为无斑或少斑细粒结构、球颗粒结构和交织结构等。斑晶矿物成分主要为基性斜长石、单斜辉石、斜方辉石、橄榄石等，基质主要为中基性斜长石、易变辉石和普通辉石等。常见块状构造及气孔、杏仁构造，其中杏仁体有石英、沸石、葡萄石、方解石以及绿纤石等，可见绳状构造、枕状构造以及柱状节理构造等，有的发育裂缝被方解石充填。一般依据铁镁矿物或特殊构造命名，可分为橄榄玄武岩、球粒玄武岩、气孔（杏仁）玄武岩等。

2. 玄武安山岩

玄武安山岩为安山岩与玄武岩的过渡类型岩石，属于中基性火山熔岩类，多呈灰黑—灰绿色，为半晶质结构或斑状结构，基质为间粒结构、交织结构或玻基交织结构，有时为隐晶质或玻璃质结构。斑晶矿物成分多为基性斜长石、普通辉石或紫苏辉石，偶见少量橄榄石和角闪石，基质多为中奥长石，还有少量辉石和磁铁矿。常见块状构造及气孔、杏仁构造（图 3-1）。

3. 玄武粗安岩

玄武粗安岩为粗安岩与玄武岩的过渡类型岩石，是一种几乎不含石英的火山熔岩，岩石颜色比较杂，为半晶质结构或斑状结构［图 3-2（a）］，斑晶中出现较多的橄榄石和辉石，浅色矿物斑晶为斜长石和碱性长石，有时含有暗化的角闪石和黑云母。基质由斜长石、透长石、辉石、磁铁矿构成，有时含有少量玻璃质，常具有粗面结构、间粒结构或间粒间隐结构、交织结构等。多为块状、气孔、杏仁构造以及柱状节理构造等。

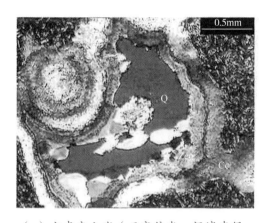

（a）玄武安山岩（正交偏光，视域直径 *d*=3mm）

斑状结构，斑晶为斜长石；基质间粒结构；杏仁构造发育，气孔内充填环状方解石、沸石和石英；XS401 井，4255.80m，营城组

（b）玄武安山岩（正交偏光，视域直径 *d*=6mm）

斑状结构，斑晶主要为斜长石；基质为交织结构；营一 D1 井，营城组，吉林九台官马山玄武安山岩

图 3-1 玄武安山岩

（a）玄武粗安岩（正交偏光，视域直径 *d*=6mm）

斑状结构，斑晶斜长石和正长石，基质交织结构；LS3 井，3571.14m，营城组

（b）安山岩（正交偏光，视域直径 *d*=3mm）

杏仁构造，杏仁为复晶石英，气孔拉长定向排列，少斑结构，斑晶为斜长石，基质为交织结构；SS2 井，3181.8m，营城组三段

图 3-2 玄武粗安岩和安山岩

4. 安山岩

安山岩为中性火山熔岩，岩石多为深灰色，风化面灰绿色或紫红色，半晶质结构，常见斑状结构，有时为玻基斑状结构，斑晶矿物主要为斜长石，其次为辉石、暗化的角闪石和黑云母。基质常由微晶斜长石和少量辉石、磁铁矿等构成交织结构［图 3-2（b）］、安山结构，有时为霏细质或玻璃质。

一般类型有角闪安山岩、辉石安山岩、黑云母安山岩、玻基安山岩等，常见块状、流动构造或气孔、杏仁构造。

5. 粗安岩

粗安岩是指介于粗面岩与安山岩之间的过渡类型，大致相当于二长岩的喷出岩，是一种几乎不含石英的斑状岩石，斜长石和碱性长石含量近乎相等；斑晶矿物以斜长石为主 [图3-3（a）]，其次有碱性长石、单斜辉石（透辉石或霓辉石）、角闪石和黑云母。基质由斜长石、透长石、单斜辉石、磁铁矿等组成，有时含有少量玻璃质。在某些粗安岩中，碱性长石围绕斜长石斑晶边缘生长，形成正边结构。岩石常具有粗面结构 [图3-3（b）]、交织结构或玻基交织结构，常见构造为块状、气孔、杏仁构造。

粗安岩容易和安山岩混淆，主要区别在于粗安岩有碱性长石，呈斑晶、微晶或沿斜长石的环边生长，而安山岩不含碱性长石，只有斜长石。

（a）粗安岩（钻井岩心）　　　（b）对应显微照片（正交偏光，视域直径 d =3mm）

图3-3　粗安岩

显微镜下为斑状结构，斑晶主要为斜长石、碱性长石和暗化的角闪石、黑云母，部分角闪石和黑云母的暗化斑晶呈现红褐色孔洞；基质为粗面结构，细针柱状碱性长石定向排列，局部含有铁质，部分斑晶和基质被方解石交代；发育有铁镁矿物斑晶内的颗粒内溶孔，基质内微孔隙，长石斑晶解理缝孔隙；具流动构造，见一组裂缝，暗色矿物暗化孔和气孔比较发育；XS1O井，3814.25m，营城组

6. 粗面岩

粗面岩成分相当于正长岩的火山熔岩，化学成分特征是硅和碱偏高，以普遍出现碱性长石斑晶为主要特点。岩石多呈灰黑色、风化后为褐灰色或肉

红色，半晶质结构，常见斑状结构，斑晶多为自形的透长石、正长石或中长石，有时出现辉石或暗化的角闪石、黑云母；基质以微晶透长石为主，常具有典型的粗面结构或交织结构，有时出现球粒和少量玻璃质［图3-4（a）］。当斑晶以斜长石为主时，基质中的长石多为碱性长石且在斜长石外围形成环边，这种岩石称为斜长粗面岩。粗面岩常见块状、流纹构造或气孔、杏仁构造。依据暗色矿物可以详细命名，如角闪粗面岩、霓辉粗面岩、钠闪石粗面岩等。

（a）粗面岩（正交偏光，视域直径d=3mm）
基质为粗面结构，细针柱状碱性长石定向排列

（b）英安岩（正交偏光，视域直径d=6mm）
斑状结构，斑晶主要为斜长石、石英；基质为霏细结构，块状构造

图3-4　粗面岩和英安岩

7.英安岩

英安岩相当于花岗闪长岩和英云闪长岩的熔岩，岩石多呈深灰色，半晶质结构，常见斑状结构，斑晶为斜长石、石英、正长石或透长石等，有时可见辉石或有暗化边的黑云母或角闪石斑晶。基质主要由奥长石、透长石和石英微晶组成，多为霏细结构、交织结构和玻璃质结构，常发育流纹构造［图3-4（b）］。以暗色矿物命名，如角闪英安岩、黑云母英安岩、辉石英安岩。当斑晶只有斜长石和石英时，岩石可称为斜长英安岩。

8.流纹岩

流纹岩是酸性火山熔岩（图3-5），岩石一般呈灰白、粉红、紫红色，为斑状结构，通常斑晶小而且含量也很少，斑晶成分主要为透长石和高温

β 石英，其次为酸性斜长石，偶见暗化黑云母、角闪石斑晶，少见辉石；基质为霏细结构、球粒结构或玻璃质结构；常具有流纹构造，有时发育气孔、杏仁构造。

流纹岩类通常根据斑晶种类、斑晶含量及斑晶的有无、基质结构以及特征流纹构造等进一步分为以下几种。

（1）英安流纹岩：斑晶为碱性长石和斜长石，且两者含量相近。

（2）斑流岩（或流纹斑岩）：斑晶含量较多（>30%）。

（3）霏细岩：不含斑晶且具有霏细结构（或无斑隐晶质）。

（a）柱状节理流纹岩（野外露头）

风化面为灰黄色、紫红色，新鲜面为灰白色，致密坚硬，柱状节理极其发育，截面多呈不规则的四边形、五边形、六边形，以五边形、六边形为主，边长一般在15~30cm，柱径以20~30cm居多。

吉林九台卢家乡

（b）对应显微照片（正交偏光，视域直径 d=3mm）

斑状结构，基质为细晶结构，流纹构造不发育，斑晶主要由石英、碱长石组成，含量为20%；石英呈半自形粒状，粒径0.05~0.2mm；碱性长石呈自形长柱状和短柱状，可见卡式双晶，柱长0.3~0.8mm

图3-5　流纹岩

（4）球粒流纹岩：发育球粒结构。

（5）石泡流纹岩：石泡发育。

（6）变形流纹构造流纹岩：流纹构造特别发育，且发育强烈揉皱状变形。

9.珍珠岩

珍珠岩是一种火山喷发的经急剧冷却而成的玻璃质岩石，珍珠岩因具有类似珍珠状碎片构造而得名。其颜色多变，可呈灰白、淡灰、浅灰绿、红褐色等，多呈油脂光泽。最有特点的是具有同心状（球状、椭球状、多面体状）、涡卷状裂纹构造和珍珠构造，有的含有石英和透长石斑晶，有的发育由微晶或雏晶等排列而成的流纹构造。珍珠岩含水量在 6% 以下。林景仟（1995）认为珍珠岩的化学成分不仅限于酸性岩，只是以酸性岩居多，化学成分除通常的酸性岩外还常见中性和基性岩，一般除了含有石英和长石斑晶外，还有辉石类、角闪石类、云母类斑晶。另外，珍珠岩属于玻璃质岩石，稳定性极差，一旦地质环境稍有变化极易发生蚀变，主要表现为不同程度的脱玻化和膨润土化，出现隐晶质、球粒甚至出现长英质微晶，珍珠岩的蚀变程度与岩石的孔隙度、渗透率关系密切，蚀变的程度直接影响储层的评价。一般规律是随着蚀变程度加深，孔隙度和渗透率增高，储层变好，但是蚀变过强，几乎膨润土化，则渗透率大大下降，储集性能反而减弱。

10. 黑曜岩

黑曜岩为黑色或暗色的火山玻璃，以贝壳状断口和玻璃光泽为特征，为玻璃质结构，有时具有流纹构造，可见少量雏晶、微晶或斑晶，局部出现少量球粒和霏细结构。

11. 松脂岩

松脂岩因呈松脂光泽（有时为蜡状光泽）而取名，为火山玻璃质熔岩，颜色呈灰、褐、灰绿、黄褐色等，可含少量长石斑晶、脱玻化的球粒和雏晶，有时因颜色不均匀而构成条带或条纹状构造，含水量 6%~10%，高于黑曜岩。

珍珠岩、黑曜岩和松脂岩三者的区别在于珍珠岩具有因冷凝作用形成的圆弧形裂纹，称珍珠岩结构，含水量 2%~6%；松脂岩具有独特的松脂光泽，含水量 6%~10%；黑曜岩具有玻璃光泽与贝壳状断口，含水量一般 <2%。

12. 浮岩

浮岩为气孔特别发育的玻璃质熔岩，因为气孔多，如同泡沫状，致使岩石的相对密度小而使其能漂浮于水面，浮岩的化学成分变化很大，基性至酸性以及碱性岩均有，常见于熔岩流和火山弹中。

13. 玄武质（熔结）碎屑熔岩

玄武质（熔结）碎屑熔岩是玄武质火山碎屑岩向玄武岩过渡的岩石类型，熔岩物质含量可达 100%~90%，火山碎屑物质主要为玄武岩的岩屑，含量 >50%。当碎屑粒级主要在 2~64mm 之间时，属于角砾级，具有火山角砾熔岩结构，熔岩胶结，岩石为玄武质角砾熔岩，除了含有火山碎屑以外，其岩性仍属于玄武岩；当碎屑主要粒级 >64mm 时，属于集块级，具有火山集块熔岩结构，岩石为玄武质集块熔岩（图 3-6）；当碎屑主要粒级 <2mm 时，属于凝灰级，具有火山凝灰熔岩结构，岩石为玄武质凝灰熔岩。

（a）玄武质角砾岩（野外露头）　　　　（b）集块熔岩（野外露头）
吉林九台上河湾

图 3-6　玄武质角砾、集块熔岩

当岩石中火山碎屑为塑性岩屑或塑性玻屑，且具有熔结结构时，岩石命名为玄武质熔结碎屑熔岩类，具体根据塑性岩屑、玻屑的粒径大小、相对含量以及熔结程度进一步划分为玄武质熔结凝灰熔岩、玄武质熔结角砾熔岩、玄武质熔结集块熔岩，它们的成岩方式仍属于冷凝固结成岩。

14. 安山质（熔结）凝灰熔岩

安山质凝灰熔岩是安山质火山碎屑岩向安山岩的过渡类型，熔岩物质含量可达 10%~90%。火山碎屑物质主要为岩屑和晶屑，含量 >50%，碎屑粒级 < 2mm，具有火山碎屑熔岩结构，熔岩胶结，其岩性仍属于安山岩，也具有斑状结构、交织结构、安山结构及气孔、杏仁构造等特征。具体岩石类型有：安山质晶屑凝灰熔岩［图 3-7（a）］、安山质岩屑晶屑凝灰熔岩等。另

外，当碎屑主要粒级 >64mm 时，属于集块级，具有集块熔岩结构，为安山质集块熔岩；当碎屑主要粒级在 2~64mm 之间时，属于角砾级，具有角砾熔岩结构，岩石为安山质角砾熔岩。

当岩石中火山碎屑为塑性岩屑或塑性玻屑且具有熔结结构时，岩石命名为安山质熔结碎屑熔岩类，具体岩石类型根据塑性岩屑、玻屑的粒径大小、相对含量以及熔结程度进一步划分为安山质熔结凝灰熔岩、安山质熔结角砾熔岩、安山质熔结集块熔岩，它们的成岩方式仍属于冷凝固结成岩。

（a）安山质晶屑凝灰熔岩（钻井岩心）　　　　（b）灰紫色英安质角砾凝灰熔岩（野外露头）

SS2 井，2 963.22m，营城组　　　　　　　　　　吉林九台市上河湾

图 3-7　安山质晶屑凝灰熔岩和英安质角砾凝灰熔岩

15. 英安质（熔结）凝灰熔岩

英安质凝灰熔岩是英安质火山碎屑岩向英安岩的过渡类型，熔岩物质含量可达 10%~90%，火山碎屑物质主要为岩屑和晶屑，含量在 50% 以上，碎屑粒级 <2mm，具有火山碎屑熔岩结构［图 3-7（b）、图 3-8］，熔岩胶结。该熔岩除了含有火山碎屑以外，其岩性仍属于英安岩，也具有斑状结构、交织结构、安山结构及气孔、杏仁构造等特征。

当碎屑粒级以 2~64mm 为主时，主要为岩屑，属于角砾级，具有火山碎屑熔岩结构，熔岩胶结，岩石为英安质角砾熔岩。

当碎屑粒级主要 > 64mm 时，属于集块级，以岩屑为主，少量碎屑粒级为 2~64mm，具有火山碎屑熔岩结构，熔岩胶结，岩石为英安质集块熔岩。

当火山碎屑物质主要是塑性的岩屑和玻屑，刚性碎屑含量少且岩石具有熔结结构时，为英安质熔结碎屑熔岩类。塑性的碎屑形状复杂，多呈火焰状、撕裂状和透镜状等，这些碎屑常常是彼此黏结在一起或单独出现，常被压扁拉长呈假流纹构造。根据塑性岩屑、玻屑的粒径大小、相对含量以及熔结程度（弱熔结、熔结、强熔结）进一步划分为英安质熔结凝灰熔岩、英安质熔结角砾熔岩、英安质熔结集块熔岩，这些岩石多分布在火山口附近或火山颈以及破火山口，多数同英安岩一起构成火山颈相或火山口相，成岩方式属于冷凝固结成岩。

（a）浅灰绿色英安质晶屑凝灰熔岩（钻井岩心）

晶屑主要为石英和长石，直径为1~7mm；
XS9井，4051.7m，营城组

（b）对应显微照片（正交偏光，视域直径 *d*=2mm）

品屑为斜长石、石英，其熔蚀边缘；基质为交织结构

图 3-8　英安质凝灰熔岩

16. 流纹质（熔结）凝灰熔岩

流纹质（熔结）凝灰熔岩的特征组分是流纹质塑性玻屑和塑性岩屑，此外含有玻屑、透长石、石英等晶屑以及少量火山尘和其他刚性碎屑，多数碎屑粒径 <2mm。塑性岩屑的颜色多变，可呈灰、浅褐至棕褐或黑色，凝灰质的玻屑常发生脱玻化或冷却结晶。有时塑性岩屑的边部形成栉状边或霏细质，而内部出现球粒，甚至出现由石英、长石微晶组成的镶嵌结构，这种双重结构是塑性岩屑的典型标志。流纹质熔结凝灰熔岩在同一喷发单元的不同部位和不同厚度的喷发单元的塑性岩屑结凝灰熔岩等，成岩方式属于冷凝固结成岩。流纹质塑性岩屑较粗大，碎屑粒径主要为 2~64mm 时，熔结角砾结

构，为流纹质熔结角砾熔岩；若塑性碎屑粒径以 > 64mm 为主，少量碎屑粒径为 2~64mm，熔结集块结构，属于流纹质熔结集块熔岩类，成岩方式属于冷凝固结成岩。

17. 隐爆角砾岩

隐爆角砾岩是熔浆在喷出地表以前，由于岩浆运移过程中挥发分大量聚集，在地下爆破释放，后被熔岩胶结而成的角砾岩。熔岩角砾成分和胶结物熔岩成分差别很小，在新鲜面上熔岩角砾不易识别，整体岩石也酷似熔岩，风化面上或流动构造大角度交切时可以识别隐爆角砾，成岩方式属于冷凝固结成岩。根据角砾和胶结物熔浆成分可进一步划分为玄武质隐爆角砾岩 [图 3-9 (a)(b)]、安山质隐爆角砾岩 [图 3-9 (c)]、粗安质隐爆角砾岩 [图 3-9 (d)]、英安质隐爆角砾岩 [图 3-9 (e)]、流纹质隐爆角砾岩 [图 3-9 (f)] 以及其他过渡类型的隐爆角砾岩等。

18. 玄武质凝灰岩、角砾岩、集块岩

玄武质凝灰岩、角砾岩、集块岩的火山碎屑物质含量为 50%~90%，玄武质凝灰岩是指碎屑物质主要由粒径 <2mm 的晶屑、玻屑组成，少量岩屑，胶结物为火山灰或更细的火山物质，火山凝灰结构，岩屑成分主要为玄武岩，也有少量围岩的碎屑，有时含有相当数量的不透明的隐晶质物质或铁质（图 3-10），火山碎屑大部分具有尖棱角状，斜长石、辉石等晶屑常常具有裂纹，在熔岩碎屑或熔岩胶结物中可见斑状结构、间粒结构、间粒间隐结构、玻基斑状结构等，也有气孔、杏仁等构造发育。当碎屑物质粒径基本为 2~64mm 时，主要由岩屑组成，见少量晶屑和玻屑，胶结物为火山灰或更细的火山物质，这时岩石过渡为玄武质角砾岩。当碎屑物质主要粒径 > 64mm 时，岩石为玄武质集块岩。

19. 安山质凝灰岩、角砾岩、集块岩

安山质凝灰岩、角砾岩、集块岩的火山碎屑物质含量为 50%~90%，SiO_2 含量一般为 52%~63%。安山质凝灰岩是指组成岩石碎屑物质粒径主要 <2mm，由晶屑、玻屑组成，少量岩屑 [图 3-11 (a)]，火山凝灰结构。安

（a）玄武质隐爆角砾岩（钻井岩心）

原岩为玄武岩，枝杈状裂缝发育，充填钙质及原
地角砾；营三 D1 井，56.1m，吉林九台八棵树

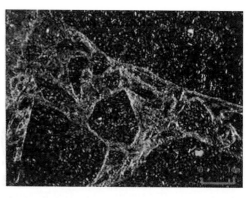

（b）对应显微照片（正交偏光，视域直径
d=6mm）

间粒结构，斑状结构，斑晶主要为长石，见辉石；
裂隙发育，充填硅质、黑云母及原地角砾，呈典
型的隐爆角砾结构。

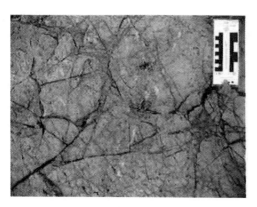

（c）安山质隐爆角砾岩（野外露头）

吉林九台上河湾

（d）粗安质隐爆角砾岩（钻井岩心）

原岩为浅紫红色粗安岩，裂隙发育，裂缝中充填暗红
色岩汁，并见原地角砾；XS10 井，3815.65m，营城组

（e）英安质隐爆角砾岩（野外露头）

吉林九台上河湾

（f）流纹质隐爆角砾岩（野外露头）

原岩为浅灰紫色流纹岩，枝杈状裂缝发育，充填
岩汁及围岩角砾；吉林九台上河湾

图 3-9　隐爆角砾岩类

山质角砾岩中碎屑物质主要由粒径较大（2~64mm）的岩屑组成，少量火山灰和晶屑，胶结物为火山灰或更细的火山物质，有时为安山质熔岩，火山角砾结构。当岩石中碎屑物质主要由粒径较大（>64mm）的岩屑组成时，具有火山集块结构，岩石过渡为安山质集块岩，这类岩石的碎屑粒级在角砾或集块级别时主要为安山质熔岩，可见交织结构、安山结构等，也有少量围岩的碎屑，凝灰级的碎屑主要为斜长石或暗化的黑云母、角闪石晶屑和更细的火山物质，成岩方式以压实固结为主。

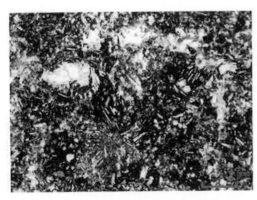 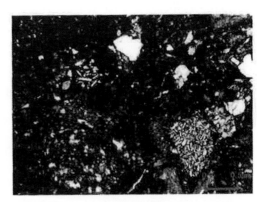

（a）玄武质晶屑岩屑凝灰岩（单偏光，视域直径 *d*=3mm）

营一 Dl 井，39.3m，吉林六台八棵树

（b）玄武质晶屑岩屑角砾凝灰岩（单偏光，视域直径 *d*=3mm）

营 D1 井，39.1m，吉林六台八棵树

图 3-10　玄武质凝灰岩

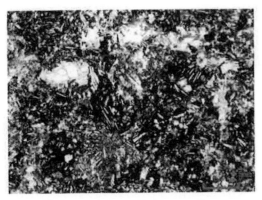 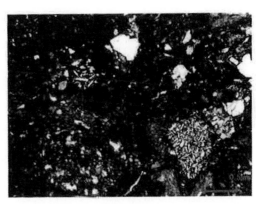

（a）暗紫红色安山质凝灰岩（钻井岩心）

块状构造，裂缝发育；

SS2 井，2986.06m，营城组三段

（b）流纹质凝灰岩（野外露头）

水平层理发育，裂缝发育；吉林九台上河湾

图 3-11　安山质凝灰岩和流纹质凝灰岩

20. 流纹质凝灰岩、角砾岩、集块岩

流纹质火山碎屑岩火山碎屑物质含量为 50%~90%。流纹质凝灰岩碎屑物质主要由粒径 <2mm 的玻屑、晶屑（石英和透长石）和岩屑（主要为流纹岩）以及火山尘组成，胶结物为极细的火山尘和水化学沉积物质，具有火山凝灰结构。在显微镜下经常可以见到具有明显的尖棱角状、弓形、管形、楔形等玻屑以及棱角状或裂纹发育的晶屑。一般碎屑物的分选很差，层理不明显，但有时也可以见到层理比较发育的流纹质凝灰岩 ［图 3-11（b）］，此时可称为层状流纹质凝灰岩。具体岩石种属可再根据碎屑的种类、相对含量进一步分为流纹质晶屑凝灰岩、流纹质玻屑凝灰岩及其他的过渡和准确标识的基本地质属性，强调盆地火山岩相研究中的可操作性，注重岩相与储层物性的关系。笔者将火山岩相分为五种相、十五种亚相（表 3-2），分类中既遵循一般分类原则又考虑其实用性，目的是为盆地火山岩相研究提供一个行之有效的分类方案，使研究者能够参照分类表中的岩相鉴定标志在剖面、岩心、岩屑和薄片尺度上识别出各种火山岩相和亚相，通过地质相—地震、测井相转换能够用地球物理资料识别火山岩相和亚相（邱春光等，2003；郭振华等，2006），并能够在岩相和亚相识别的基础上初步评价火山岩储层物性（刘万洙等，2003）。下面以松辽盆地为例，详述火山岩相和亚相地质特征和识别标志。

三、火山岩相

火山通道指从岩浆房到火山口顶部的整个岩浆导运系统。火山通道相位于整个火山机构的下部和近中心部位，是岩浆向上运移到达地表过程中滞流和回填在火山管道中的火山岩类组合。火山通道相可以划分为火山颈亚相、次火山岩亚相和隐爆角砾岩亚相。它们可形成于火山旋回的整个过程中，但保留下来的主要是后期活动的产物。

表3-2　盆地火山岩相分类和亚相特征的识别标志（5相15亚相）

相	亚相	搬运机制作用和物质来源	成岩方式	特征岩性	特征结构	特征构造	相序和相律	储层空间类型
V 火山沉积相	V3 凝灰岩类煤沉积	凝灰质火山碎屑和成煤沼泽环境的富植物泥炭		火山凝灰岩与煤层互层	火山、陆源碎屑结构	韵律层理、水平层理	位于距离火山弯隆较近的沼泽地带	碎屑颗粒间和各种孔隙，次生孔缝，物性特征及其变化类似于沉积岩
	V2 再搬运火山碎屑沉积岩	火山碎屑物经过水流作用改造	压实作用导致的胶结成岩	层状火山碎屑岩、凝灰岩	砾石有磨圆但不含外碎屑火山碎屑结构		多见于火山机构之间的低洼地带，亦见于大型火山机构组合之中的近源地带	
	V1 含外碎屑火山碎屑沉积岩	以火山碎屑为主并有其他陆源碎屑物质加入		含外来碎屑的火山凝灰（质砂砾）岩	砾石有磨圆并含外碎屑火山、陆源碎屑结构	交错层理、槽状层理、粒序层理、块状构造	位于火山机构弯隆之间的低洼地带	
IV侵出相（位于火山旋回后期）	IV3 外带亚相	熔浆前缘冷凝，变形并铲刮和包裹新生和先期岩块，内力挤压流动	熔浆冷凝，熔结新生和原岩块	具变形流纹构造的角砾熔岩	熔结角砾、熔结凝灰结构	变形流纹构造	侵出相岩弯的外部，可与喷溢相过渡	角砾间孔缝，微裂缝，流纹层理间缝隙
	IV2 中带亚相	高黏度熔浆受到内力挤压流动，停水淬火冷滞堆砌在火山口附近成岩石弯	熔浆（遇水淬火）冷凝固结	块状珍珠岩和细晶流纹岩	玻璃质结构、珍珠结构、少斑结构、碎斑结构	块状、层状、透镜状和披覆状	侵出相岩弯的中带	角砾间孔缝，微裂缝，流纹状间裂隙
	IV1 内带亚相			枕状和球状珍珠岩		岩球、弯状、枕状	侵出相岩弯的核心，岩弯	岩球间空隙，岩球内松散体，微裂缝，晶洞

续表

相	亚相	搬运机制和物质来源	成岩方式	特征岩性	特征结构	特征构造	相序和相律	储层空间类型
III 喷溢相（形成于火山旋回中期）	III₃ 上部亚相	含晶出物和同生角砾的熔浆在后续喷出物和自身重力的共同作用下沿着地表流动	熔浆冷凝固结	气孔流纹岩	球粒结构、细晶结构	气孔、石泡仁、石泡 否	流动单元上部	气孔、石泡腔、杏仁内孔
	III₂ 中部亚相			流纹质构造流纹岩	细晶结构、斑状结构	流纹构造，可见气孔、石泡仁	流动单元中部	流纹理层间缝隙、气孔、构造缝
	III₁ 下部亚相			细晶流纹岩、含同生角砾的流纹岩	玻璃质、斑状结构、角砾结构	块状或断续的变形流纹构造	流动单元下部	板状和楔状节理缝隙、构造裂缝最易于形成和保存
II 爆发相（形成于火山旋回早期）	II₃ 热碎屑流亚相	含挥发分的灼热碎屑-浆屑混合物在后续喷出物推动和自身重力的共同作用下沿着地表流动	熔浆胶结为主，多为压实作用叠加	含晶屑、玻屑、浆屑的熔结凝灰（熔）岩、熔结角砾岩；熔浆成分复杂	熔结凝灰结构、熔结角砾结构、火山碎屑熔结结构	块状、正粒序、逆粒序、气孔、火山玻璃等拉长定向、基质支撑		
	II₂ 热基浪亚相	气射作用的气—固一液态多相浊流体系在重力作用下近地表呈悬浮态质快速搬运（最大时速达240km）	压实为主	含晶屑、玻屑、浆屑的凝灰岩	火山碎屑结构（以晶屑凝灰结构为主）	平行层理、交错层理、逆行沙波层理	爆发相中下部层，与空落相互层，回处增厚，向上变细变薄，与古地形呈披覆状	有熔岩围限目后期压实影响小则为好储层（岩体内松散），晶体间孔隙和角砾间孔缝及其物性特征变化类似于沉积岩
	II₁ 空落亚相	气射作用的固态和塑性喷出物（在风力的影响下）作自由落体运动	压实为主	含火山弹和浮岩块的集块岩、角砾岩、晶屑凝灰岩	集块结构、角砾结构、凝灰结构		多在爆发相下部，向上变细变薄也可呈夹层	

续表

相	亚相	搬运机制作用和物质来源	成岩方式	特征岩性	特征结构	特征构造	相序和相律	储层空间类型
I 火山通道相（位于火山机构下部）	I₃ 隐爆角砾岩亚相	富含挥发分岩石带入侵破碎岩石产生地下爆发作用，爆炸—充填作用同步进行	与角砾成分相同的岩汁（热液矿物）或细碎屑物冷凝胶结	隐爆角砾岩（原岩或围岩可以见是各种岩石）	隐爆角砾结构、自碎斑结构、碎裂结构	筒状、层状、脉状、枝杈状、裂缝充填状	火山口附近或次火山岩顶部或穿入围岩	角砾间孔、原生显微裂隙，但多被捕后期岩汁再充填
	I₂ 次火山岩亚相	同期或晚期的潜入作用	熔浆冷凝结晶	次火山岩和斑岩	斑状结构、不等粒全晶质结构	冷凝边构造、流面、流线、柱状节理、板状节理、捕掳体	火山机构下部几百米至1500m与其他岩相和围岩呈交切状	柱状和板状节理的缝隙、接触带的裂隙
	I₁ 火山颈亚相	熔浆侵出岸滞并充填在火山通道，见熔结结构，火山口塌陷充填物	熔浆冷藏结晶，火山碎屑物、压实影响	熔岩、熔结角砾、凝灰熔岩及凝灰角砾岩	斑状结构、熔结结构、熔灰熔角砾、凝灰结构	堆砌构造，环状或放射状节理、岩性分带	基质，产直径数百米状近于直立，穿切于构造带状近其他岩层	角砾间孔、基质遮蔽孔，环状和放射状裂隙

注：①浮岩类多发育于火山流回的顶部，首先无遭受剥蚀，不易保存，又因其孔隙度特别大，当被埋藏后将经历明显的压实作用，故它们在盆地内部的火山岩中很少见。②构造裂缝可以成为任何一种火山岩相的储集空间和运移通道，但对于溢流相下部亚相细晶质流纹岩等等强脆性岩石表现，由于其中的裂隙易形成，易保存，故而构造裂缝对这类岩石具有重要的储层意义。③堆砌构造是指外貌似泥凝灰砌构造的火山岩岩所特有的构造。角砾均为火山角砾，凝灰物质为细粒基质或熔浆冷凝物。具堆砌结构，角砾间孔发育，多形成于火山颈亚相，固结成岩而后地经冷凝或压实作用，为角砾熔岩熔浆结构或碎屑结构，固结成岩的标志。④熔浆角砾结合这分称可以作为火山颈亚相的标志。砾石成分复杂，有火山岩、沉积岩，变质岩和各种岩脉类，多见次圆状。砾石中熔浆胶结特征明显，见熔结结构，显微镜下胶结物为玻璃质，砾石分选、磨圆中等型碎屑结构，主要见于构造活动带的断陷边缘，火山活动期被熔岩流、期（下部）靠近基底再振运，该类碎屑—熔浆—水多相混合通过水圆结沉积物，在火山旋回早火山碎屑流而形成的岩石，是发爆发热碎屑流的另一种表现形式。成岩），固结成岩而形成的岩石，是爆发热碎屑流的另一种表现形式。

大规模的岩浆喷发、地壳内部能量的释放造成岩浆内压力下降，后期的熔浆由于内压力减小不能喷出地表，在火山通道中冷凝固结。同时，由于热沉陷作用，火山口附近的岩层下陷坍塌，破碎的坍塌物被持续溢出冷凝的熔浆胶结，同时会有压实成岩作用的叠加，呈现典型堆砌构造，形成火山颈亚相。火山颈亚相直径为100~1000m，产状近于直立，通常穿切其他岩层，多发育在深断裂带附近。其代表岩性为角砾熔岩或凝灰熔岩以及熔结角砾岩或熔结凝灰岩。岩石具熔结结构、斑状结构、角砾结构或凝灰结构，具环状或放射状节理。火山颈亚相的鉴定特征是不同岩性、不同结构、不同颜色的火山岩与火山角砾岩相混杂，其间的界限一般比较清楚。其最明显的标志是在剖面、岩心和薄片尺度上经常能够见到"堆砌结构"，即角砾未经搬运磨圆、基质未见流动拉长，显示出原地垮塌堆积后胶结成岩的特点。堆砌构造是指貌似混凝土的火山角砾（熔）岩所特有的构造。角砾均为火山岩，无分选无磨圆，角砾间起胶结作用的物质为细粒基质或熔浆冷凝物。具堆砌构造的岩石是各种来源的火山角砾、凝灰物质与后续熔浆的混合物在原地经冷凝、压实作用，固结成岩而成碎屑熔结结构或碎屑结构；角砾间孔发育，区域上新生代构造运动造成本区火山岩中普遍发育了裂缝，裂缝对火山岩有效储层总孔隙度（一般为5%~10%）的贡献通常仅为0.2%~1%（舒萍等，2007），裂缝对成储的主要意义是构成运移通道。所以，勘探阶段火山岩储层预测的核心问题就是找到受岩相控制的孔隙发育带，寻找火山岩储层的关键为火山岩岩相和亚相的识别。

松辽盆地火山岩相划分的5相15亚相方案通过近年在大庆油田勘探开发中的实际应用证明，该火山岩相划分方案较好地解决了钻井火山岩相划分和储层识别的问题。然而，对火山岩储层预测来说，更主要的还是在没有探井的区块进行岩相预测，这需要可用于井外延拓的岩相模型，以约束和指导地震资料解释。这里通过松辽盆地北部火山岩探井和盆缘剖面研究，总结火山岩相的空间特征和变化规律，探索火山岩的岩相模式及其与储层物性的定量关系。

野外剖面和钻井取心段可以依据每一种岩相和亚相的特征岩性、特征结构和特征构造加以识别（王璞珺等，2003）。在非取心段可以用同样的方法利用岩屑薄片确定岩相和亚相。对于没有岩心和岩屑样品的井段，通过取心段建立岩相亚相—测井相关系，然后依据常规测井曲线特征划分火山岩相和亚相（邱春光等，2003；郭振华等，2006）。这样一种火山岩相和亚相的划分方法已经在大庆油田近年的火山岩气藏勘探开发中广泛应用，2005 年提交的庆深气田 $1000 \times 10^8 m^3$ 天然气探明储量和开发方案中均采用该火山岩岩相划分方案，说明它对于盆地火山岩储层研究具有一定的实用性。目前，已经用该方案完成松辽盆地北部徐家围子断陷庆深气田 88 口钻遇火山岩探井和开发评价井的岩相亚相划分。划相过程中，首先用测井曲线划分火山岩井段各个岩相和亚相的分界，确定每一种岩相和亚相的井段，然后在每一个岩相和亚相段用岩心或岩屑样品（薄片）确定岩相和亚相，即对 88 口井的每一个独立火山岩亚相段都用样品加以控制，划分出所有钻井的火山岩相和亚相。从 3000 余个样品（岩相和亚相段）的统计结果看，各种岩相和亚相分布是不均匀的，其中喷溢相出现最多，占钻井揭示火山岩的近一半计算结果可能出现选择性偏差。随着钻井的增多和研究程度的深入，对火山岩相和亚相分布规律的认识会不断深化。

同沉积岩、沉积相一样，火山岩相和亚相之间的依存关系（相序）和变化规律（相律）是认识和刻画火山岩相的重要内容，更是建立火山岩相模型、约束地震资料解释和火山岩储层预测的基础。但由于火山岩原始喷发相和亚相的变化十分复杂，任何火山岩喷出地表后都经历过一定时间的剥蚀改造，盆地内部火山岩序列还经历了块断、掀斜、差异升降、局部剥蚀和再搬运沉积等改造作用。所以，现今盆地内部火山岩的相序和相律更加复杂。本节总结了松辽盆地近 5 年多的火山岩相和亚相研究成果，初步探讨松辽盆地火山岩相的序列关系，以期作为今后深入了解盆地火山岩相序和相律的基础（图 3-12）。从大庆油田目前钻遇火山岩的 88 口钻井中选取的 4 口代表性井，详细展示了盆地内部火山岩相和亚相的复杂变化情况。XS1 井（钻穿258m 火山岩）和 ShSC2 井（钻穿 346m 火山岩）分别为营城组一段和营城组三段酸性火山岩类（流纹岩为主），DS2 井（钻穿 823m 火山岩）是营城组三段中基性岩类（玄武岩与安山岩互层），XS401井（钻穿444m火山岩）酸性岩与中基性岩频繁互层（流纹岩和英安岩夹玄武岩和安山岩）。对比4井的相序可以发现，相序与地质时代关系不大，主要受岩性控制。酸性岩类总是以爆发相或火山通道相作为一个喷发旋回的开始，而中基性岩类（玄武岩—安山岩）多以喷溢相作为一个喷发旋回的开始。可能的解释是，本区酸性岩多为浅源壳熔（15~25km中地壳），一次喷发量大并且喷发能量大，加之酸性岩浆较为黏稠，因此造成先爆发后喷溢的相序；而中基性岩浆来源较深（>60km的软流圈），岩浆流到地表时能量已经减弱，加之中基性岩浆黏度较小，因此造成多以溢流形式开始（Wang等，2006）。

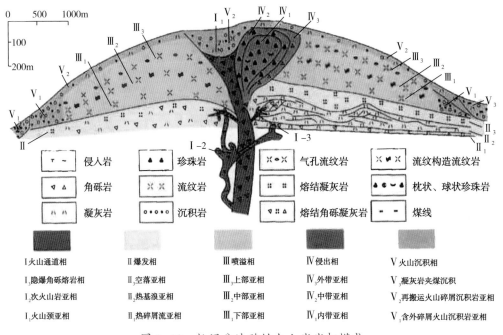

图3-12 松辽盆地酸性火山岩岩相模式

本区酸性岩的主要相序类型为：①爆发相→喷溢相、侵出相（出现概率±50%）。②火山通道相→喷溢相、侵出相（±30%）。③爆发相→火山通道相→侵出相、爆发相（±20%）。

中基性岩的相序类型较为简单，主要有：①喷溢相→爆发相（出现概率±50%）。②喷溢相→火山沉积相（±30%）。③喷溢相→爆发相→火山沉积相（±20%）。

酸性岩夹中基性岩相序类型较为复杂，主要有：①喷溢相→爆发相→火山沉积相（出现概率 ±30%）。②爆发相→火山沉积相（±20%）。③爆发相→喷溢相→火山沉积相（±20%）。④喷溢相→火山通道相→侵出相（±20%）。

由于近年火山岩钻探主要是集中找构造高点，即钻探古火山机构中心的隆起部位，所以上述火山岩的相序特点更可能是反映近火山口的岩相序列和岩相组合特征。对于远离火山口的岩相序列，以及岩相和亚相随着距火山机构中心距离的增加在三维空间的变化规律等问题还有待进一步研究。

离断层一侧以熔岩—火山碎屑岩—正常碎屑岩为主。熔岩以珍珠岩、气孔流纹岩，细晶流纹岩、流纹构造流纹岩和角砾流纹岩为主，呈层状或块状。此外还见少量呈致密块状的玄武岩、安山岩和英安岩。火山碎屑岩以隐爆角砾岩、流纹质角砾岩和熔结角砾凝灰岩为主，见气孔，成块状，偶见层理。正常碎屑岩以凝灰质砂岩和凝灰质砾岩为主，见层理。

ShS2-7 井（靠近深断裂）和 SS1 井（远离深断裂）均钻穿营城组火山岩，但岩性和岩相具有不同的特征。靠近断裂一侧火山岩厚度较大，以熔岩和角砾熔岩为主。远离断层一侧火山岩厚度较小，发育火山沉积相，以火山碎屑岩、角砾熔岩和正常碎屑岩为主。从钻井统计规律来看，松辽盆地火山岩相中喷溢相最多，占 50%；爆发相次之，占 29%；火山通道相排名第三，占 12%；侵出相占 5%；火山沉积相占 4%。垂向上岩相分布具两种相序：远离断层一侧相序为喷溢相—爆发相—火山沉积相，靠近深断裂一侧相序为喷溢相—侵出相—火山通道相。

根据单井岩相和连井岩相对比研究结果建立了松辽盆地火山岩相与断裂关系的分布模型（图 3-13）。下部火山岩岩性为熔岩，岩相单一为喷溢相，呈席状披盖，火山口位置不明显；中部和上部火山岩岩性以熔岩和火山碎屑岩为主，岩相以喷溢相和爆发相为主，指示火山口位置的火山通道相火山颈亚相和侵出相也发育。

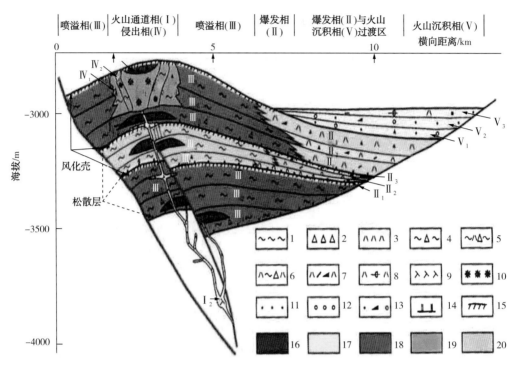

图 3-13 松辽盆地营城组火山岩断层—岩相模式

1—流纹岩；2—火山角砾岩；3—凝灰岩；4—角砾流纹岩；5—凝灰质角砾流纹岩；6—角砾凝灰岩；7—岩屑晶屑凝灰岩；8—含煤凝灰岩；9—玢岩；10—珍珠岩；11—砂岩；12—砾岩；13—岩屑砂砾岩；14—松散层；15—风化壳；16—火山通道相；17—爆发相；18—喷溢相；19—侵出相；20—火山沉积相

第四章　火山岩成藏特征

一、火山活动与烃源岩

火山活动中高温的岩浆、热液和烃源岩长期直接接触，一方面给烃源岩带来能量，使其在短期内经历异常高温而成熟或过成熟。如塔中 3 井、塔中 4 井等，岩浆岩周围的石炭系烃源岩接近高成熟阶段，R_o 值高达 2%~2.4%；而邻近井对应不发育岩浆岩的石炭系烃源岩处于成熟阶段，R_o 值为 0.8%~1.2%。塔中 45 井二叠系下部暗色泥岩在高温岩浆作用下，达到成熟，并向邻近粉砂岩渗透与运移（在录井中见荧光现象）。

基性岩浆在喷发与侵入时携带大量含氢气体，岩浆作用会脱出氢气，同时内含橄榄石等铁镁矿物易在后期成岩变化中蚀变产生氢气，这些氢气会加入有机质的成烃作用，使烃源岩生烃量增大。

岩浆岩的存在说明该区地球深部物质供给充足，在深部物质产生的深部流体中含有大量的金属和非金属元素，这些元素在原始生油母质生烃过程中起重要的催化作用。

对柯坪地区四石厂剖面和开派兹雷克剖面玄武岩之间的泥岩进行镜质体反射率（R_o）测试，结果泥岩的 R_o 达 2.0% 左右。周中毅（1992）和彭燕等（1992）对盆地部分钻井的石炭系生油岩镜质体反射率进行测试，所选的钻井按是否发育二叠系火山岩而分为两类。结果发现，发育有火山岩的钻井的石炭系生油岩 R_o 达 2.0% 左右，而不发育火山岩的钻井 R_o 为 0.7%~0.8%，前者明显高于后者。火山活动使石炭纪生油岩接近于高成熟度阶段，而不受火山活动影响的钻井，其石炭纪生油岩现正处于成熟阶段。因此，早二叠世发生的大规模火山活动不仅改变了当时的古地温场，而且加速了生油岩的演化进程。

二、烃源岩

中国各时代火山岩层系内或其上下，均发育有烃源岩。

准噶尔盆地烃源岩：寒武系—奥陶系、石炭系—二叠系为主。

塔里木盆地烃源岩：寒武系—奥陶系、石炭系—二叠系为主。

柴达木盆地烃源岩：寒武系—奥陶系、石炭系—二叠系。

走廊地区烃源岩：寒武系—奥陶系、石炭系—二叠系。

松辽盆地烃源岩：石炭系—二叠系、中生界。

四川盆地烃源岩：寒武系—奥陶系、石炭系—二叠系。

1. 寒武系—下奥陶统烃源岩

中下寒武统碳酸盐岩烃源岩为台地相、斜坡相、陆棚相和半深海相，东部和南部相带呈近东西向，而西北部相带为北西向，其厚度等值线呈三角形，东边尖，西边等值线大约为北西向。西部南北两个厚度中心呈北西向分布，东部厚度等值线成东西与北西向横跨现象。寒武系泥岩、灰岩有机碳含量较高，两者等值线向东开口，呈东西向舌状分布。

上寒武统—下奥陶统烃源岩，西部仍为台地相、斜坡相、陆棚相、半深海相，各相带均为北西向伸展，东部各相带则是东西向。其厚度等值线形态有北西和东西两种方向，厚度为0~180m。下奥陶统灰岩烃源岩有机碳含量等值线仍为向东开口的东西向舌状，显示为东西长、南北短、向北尖的三角形。

2. 中上奥陶统烃源岩

中上奥陶统烃源岩以斜坡—盆地相带烃源岩最发育，烃源岩厚达700m，沉积中心在草湖附近，分别向东西斜坡区减薄。相带分布有东西、北东及北西三种方向，灰岩、泥岩烃源岩厚度分布图上，厚度等值线为东西走向，也有北西向，两种等值线走向一致反映北西向和东西向构造的制约。泥岩烃源岩厚为60~100m，灰岩烃源岩厚度为100~300m。泥岩、灰岩有机质丰度级别较好，为腐泥型。泥岩有机碳含量较高。

三、火山岩储层

数据统计表明，火山岩储层物性与火山岩类型密切相关，中酸性火山岩及火山碎屑岩比基性火山岩的孔隙度要高 2 倍左右。因此，中酸性火山熔岩是石炭系的主要储层（表 4-1），其储集空间包括原生孔隙、原生裂缝、次生孔隙和次生裂缝。石西油田的主要产量来自上巴山组安山岩，其次生孔隙和次生裂缝发育，发育为安山岩、火山角砾岩（含霏细岩、英安岩）及安山质岩类，储层孔隙度为 0.88%~37.2%，一般为 10%~16%，平均为 13.44%；其渗透率具有分布范围宽、级差大的特点，分布区间为（0.02~4489.92）× $10^{-3} \mu m^2$，一般为（0.3~15.8）× $10^{-3} \mu m^2$。从平面上来看，准噶尔盆地腹部地区火山岩储层物性明显好于西北缘和盆地东部五彩湾地区，如西北缘五八区熔岩平均孔隙度为 7.7%，五彩湾地区安山岩平均孔隙度为 8.14%。腹部地区石炭系火山岩岩性由北部中基性火山岩向南边中酸性火山岩及火山碎屑岩过渡，其孔隙度也有由北向南明显增大的趋势，如北部夏盐地区孔隙度最大为 14.66%，平均为 5.86%；中部石南地区孔隙度最大为 21.49%，平均为 6.03%，它们都明显小于石西凸起火山岩储层孔隙度。

火山岩原生孔洞常常以孤立形式存在，后期的改造作用是火山岩成为有效储层的重要条件。制约火山岩储层发育的关键因素是成岩过程中的溶蚀作用及裂缝发育程度。风化淋滤作用程度决定了溶蚀作用的强度和规模。石西油田石炭系火山岩裂缝主要发育在上部的中酸性英安岩中，这是因为上部英安岩除受应力作用发生破裂外，还与长期的风化淋滤有关，火山岩顶部地层所见的斑晶溶孔、基晶溶孔、基质中钠长石化晶间孔、微裂缝、半充填气孔等就是风化壳遭淋滤溶蚀的证据。构造作用所产生的裂缝使火山岩储集性能提高的同时，也为溶蚀作用的产生创造了条件；风化溶蚀作用改造扩大了原有孔隙，也改善了其连通性，有助于储集空间的形成与保存（表 4-1）。

表 4-1　准噶尔盆地石西凸起石炭系不同岩类储层物性

岩　　性	孔隙度（平均）/%	渗透率（平均）/10⁻³μm²
安山质角砾熔岩	6.89~37.20（17.36）	0.03~23.10（1.38）
安山质集块角砾岩	3.21~23.67（15.73）	（0.97）
英安岩	2.68~28.84（14.74）	0.02~64.14（2.108）
安山岩	1.05~23.74（13.33）	0.02~104.11（1.456）
安山质角砾凝灰岩	4.62~17.01（13.01）	0.06~3.86（1.13）
英安质凝灰角砾岩	9.49~19.14（12.94）	0.03~2.34（0.32）
安山质凝灰角砾岩	1.94~20.47（12.12）	0.03~4489.9（88.164）
英安质集块凝灰角砾岩	5.86~14.78（11.38）	0.05~2.70（0.704）
安山质火山角砾岩	6.89~14.03（11.07）	0.03~0.54（0.163）
英安质火山角砾岩	3.20~8.50（6.18）	0.06~3.24（0.44）
玄武安山岩	0.88~14.85（5.45）	（1.32）

注：表中数据意义为：最小值~最大值（平均值）。

　　下辽河坳陷地处渤海湾盆地向北延伸部分的郯庐断裂带内部，第三纪以来多期构造活动均伴随不同程度的岩浆喷发。火山岩沿断裂分布，控制岩浆活动的断裂以北东向为主，北西向和近东西向次之。经过多年勘探，发现了各种与火山岩有关的油气藏。其油气藏的特点是：①火山岩直接覆于生烃岩系之上或夹于其中，烃源较充足。②通常发育在继承性构造高点，是油气运移的长期指向区。③位于断裂碎裂带内。火山岩自身由于溶蚀作用和密集构造裂缝贯通而成为良好裂缝—孔隙型储层，断裂又成为油气运移的良好通道，尤其当断裂两侧火山岩储层与烃源岩直接接触时，对形成油气藏最为有利。例如大平房地区，沙三段、沙一段均有较好圈闭，砂岩储层较发育且普遍见油气显示，有的录井显示达油浸级别，有的电测解释为油层，但试油为水层见油花，表明曾聚集的油气发生再运移，沿断裂带上逸，在浅层火山岩封盖作用下重新聚集。再如热河台油田位于晚第三纪以来油气运移通道上，热 24 井、热 9–7 井和热 11–7 井均在裂缝型火山岩储层中获工业油气流。除渤海湾盆地外，二连盆地、海拉尔、苏北、江汉等盆地也发现具有工业规模的火山岩油气藏（表 4–2）。

表 4–2　中国东部中新生代盆地中火山岩储层分布情况简表

盆地和次级单元	储层地质时代		储集岩岩性特征	油气藏和储层物性
	系、统	组段		
松辽盆地徐家围子断陷、齐家古龙断陷、长岭断陷	下白垩统	营城组（K_1y）	营一段流纹为主，营三段流纹岩与玄武岩	气藏：孔隙为主、裂缝为铺；中孔、中低渗；孔隙度 5%；渗透率 $1 \times 10^{-3} \mu m^2$
二连盆地	上侏罗统	火石岭组（J_3h）	安山岩为主	
海拉尔盆地	上侏罗统	兴安岭群（J_3x）	暗色玄武岩、安山岩、浅灰色流纹岩、粗面岩和火山碎屑岩	油藏：孔隙和裂缝；中孔中渗；孔隙度 3.6%~13%；渗透率 $(1\sim214) \times 10^{-3} \mu m^2$
	三叠系	布达特群（T_3b）	蚀变或浅变质中基性火山岩	风化壳油藏：孔隙—裂缝，平均孔隙度 5.0%，平均渗透率 $0.03 \times 10^{-3} \mu m^2$
银根盆地	下白垩统	苏红组（K_1s）	暗色玄武岩、安山岩为主夹火山角砾岩和凝灰岩	油气藏：气孔、杏仁和裂隙；中孔、中高渗；孔隙度 17%；渗透率 $1 \times 10^{-3} \mu m^2$
渤海湾盆地济阳坳陷　惠民凹陷　东营凹陷	中新统	馆陶组（Ng）	橄榄玄武岩	油气藏：孔隙和裂隙；中高孔、中渗；孔隙度 25%；渗透率 $80 \times 10^{-3} \mu m^2$

续表

盆地和次级单元	储层地质时代		储集岩岩性特征	油气藏和储层物性
	系、统	组段		
渤海湾盆地济阳坳陷	惠民凹陷		沙一段	气孔杏仁玄武岩（水下喷发）	油气藏：孔隙为主；高孔、高渗；孔隙度 >20%；渗透率 >100 × $10^{-3}\mu m^2$
	东营凹陷			玄武岩、安山玄武岩、玄武质火山角砾岩	油气藏：孔隙和裂隙；中高孔、中低渗；孔隙度 25%；渗透率 7 × $10^{-3}\mu m^2$
	沾化凹陷	渐新统—始新统	沙河街组	沙二段沙三段	岩球、岩枕状玄武岩、玄武质火山角砾岩	油气藏：孔隙为主；高孔、高渗；孔隙度 >20%；渗透率 >100 × $10^{-3}\mu m^2$
	惠民凹陷		沙三段	橄榄玄武岩	油气藏：孔隙和裂隙；中孔、中渗；孔隙度 13%；渗透率 22 × $10^{-3}\mu m^2$
	东营凹陷		沙四段	玄武岩、玄武安山岩、玄武质火山角砾岩和凝灰岩	油气藏：孔隙和裂隙；中高孔、中渗；孔隙度 20%；渗透率 20 × $10^{-3}\mu m^2$
	沾化凹陷	古新统	孔店组	玄武岩、玄武质凝灰岩	油气藏：孔隙和裂隙；中高孔、中高渗；孔隙度 10%；渗透率 90 × $10^{-3}\mu m^2$
渤海湾盆地黄骅坳陷		渐新统始新统古新统	东营组沙河街组房身泡组	玄武岩、安山玄武岩	油藏：孔隙和裂缝；中孔、中渗；渗透率（1~10）× $10^{-3}\mu m^2$
渤海海盆地北段下辽河盆地的东部凹陷		渐新统始新统古新统上白垩统	东营组沙河街组房身泡组	粗面岩、玄武岩、安山玄武岩	油藏：次生蚀变孔；中高孔、中高渗；孔隙度 20%~25%；渗透率（1~20）× $10^{-3}\mu m^2$
苏北盆地东台坳陷高邮凹陷		中新统渐新统	盐城群一段三朵组	灰黑、灰绿、灰紫色玄武岩	油气藏：孔隙和裂隙；中高孔中渗；孔隙度 21%；渗透率（19~37）× $10^{-3}\mu m^2$
江汉盆地江陵凹陷		始新统	荆沙组新沟嘴组	灰黑、灰绿、灰紫色玄武岩	油藏：孔隙和节理缝；中高孔、中低渗；孔隙度（18~23）%；渗透率（4~9）× $10^{-3}\mu m^2$

火山岩发育原生孔隙、次生孔隙和裂缝，具有一定的储集空间（表4-3）。通常火山岩的储集能力要低于沉积岩。然而，由于火山岩的成岩作用多以冷凝固结方式为主，相对于沉积岩，火山岩孔隙度受压实埋深影响很小，当埋深大于一定深度时，火山岩的储集能力往往会大于沉积岩而成为主要储层。就松辽盆地而言，当埋深大于3500m时沉积岩多变为致密砂砾岩层，而火山岩跃升为主力储层。火山岩储集层的孔隙结构十分复杂，是由孔隙和裂缝构成的双孔介质储层，物性空间变化大，非均质性强。通过岩心、岩屑观测和显微结构分析，松辽盆地火山岩储层的储集空间可划分为三大类、十三种基本成因类型（刘万洙等，2003）。表4-3是对松辽盆地火山岩储层储集空间的类型、特征及其成因和分布规律的归纳总结。图4-1为相关典型孔隙和裂缝的图片。

表4-3　火山岩储层储集空间类型和特征

成因类型	孔隙类型	成　因	特　征	分　布
原生孔隙	原生气孔	含有大量气液包裹体的火山物质喷出地表时在流动单元的上部遗留下来的后期未充填物质的气孔	气孔的形态有圆形、椭圆形、线状及不规则状态，大小不等，分布均匀；部分为不连通的独立孔	流纹岩、玄武岩中多见
	石泡空腔孔	含有大量气泡包裹体的火山物质喷出地表时，在流动单元的上部遗留下来的大气孔；其中充填的热液物质冷凝收缩沿孔壁产生的缝隙	比一般气孔大，直径为4~6cm，以圆形、椭圆形为主，分布密度大；主要为冷凝收缩沿孔壁产生的缝隙，一般连通性好	流纹岩中多见
	杏仁体内孔	矿物充填气孔未充填满形成的杏仁体内矿物之间的孔隙	其形态多为长形、多边形或围边棱角状不规则形状；主要为晶间孔，连通性较好	流纹岩中多见
	颗粒、晶粒间孔隙	火山碎屑颗粒间经成岩压实和重结晶作用后残余的孔隙	形态不规则，通常沿碎屑边缘分布，主要为晶间孔和残余的孔隙，连通性较好	火山碎屑岩中多见
	基质收缩裂隙	岩浆喷发时，由于基质近于等体积条件下的快速冷却形成	晶面不规则状，局部呈环带状，主要为晶内裂缝孔和基质收缩裂缝，连通性好	见于各种火山熔岩

续表

成因类型	孔隙类型	成　因	特　征	分　布
原生孔隙	矿物炸裂纹和解理缝隙	碎斑、聚斑结构矿物质斑晶间爆裂和裂缝	晶面不规则状或似解理状，主要为基质收缩裂缝，连通性好	各种含斑晶的火山岩
次生孔隙	晶内溶蚀孔	斑状火山岩中，斑晶被溶蚀产生的孔隙	其孔隙形态不规则，如完全溶蚀矿物，则保留原晶体假象；主要为晶内孔，连通性较好	流纹岩、安山岩、玄武岩中常见
	基质内溶蚀孔	基质中的玻璃质脱玻化或微晶长石被溶蚀	细小的筛孔状，主要为溶蚀孔，具有一定的相互连通性	流纹岩中沿流纹构造发育
	断层角砾岩中间砾间孔	构造裂隙充填的断层角砾之间以点接触为主	随断层角砾不规则状，主要为粒间孔，连通性好，配位数高	火山通道相带中常见
裂缝	原生收缩缝隙	岩浆喷发时快速冷却，基质内部应力差异导致不均一收缩	柱状节理、板状节理、环状节理，主要为节理裂缝孔和基质收缩孔，连通性好，是很好的油气运移通道	流纹岩、珍珠岩、安山岩、玄武岩中常见
	构造裂缝	火成岩成岩后受构造应力作用产生的裂缝	有的早期裂缝已被充填，晚期未被充填，有横向、纵向、也有交错的，有的横切连通气孔和基质溶蚀孔等；主要为构造节理裂缝孔，连通性好，是很好的油气运移通道	流纹岩、安山岩中常见
	充填残余构造缝隙	构造裂隙被后期热液不完全充填	不规则形状的构造节理裂缝孔，连通性好	火山岩构造带
	充填—溶蚀构造缝隙	被充填的构造缝隙，后经溶蚀重新开启成为有效储集空间	保留原裂隙形态，溶蚀构造缝隙，连通性较好	流纹岩、安山岩、玄武岩中常见

根据压汞资料分析，火山岩储层有五种微观孔隙结构类型，其中Ⅱ类、Ⅲ类占主体（表4-4）。恒速压汞结果表明火山岩储层的有效孔喉半径比较大且分布范围较宽，大孔隙被小喉道控制，这对孔隙中气体的采出是不利的，同时较大的孔喉半径比小孔喉对水锁伤害效应较敏感。

火山岩的岩性和岩相不同，储集空间类型及其组合也不同。松辽盆地常见火山岩储层的储集空间组合类型如表4-5所示。就岩性而言，球粒流纹岩、气孔流纹岩、流纹质熔结凝灰熔岩及角砾岩、角砾熔岩、集块岩的物性较好（图4-2）。就火山岩亚相而言，热碎屑流亚相、隐爆角砾岩亚相、喷溢相上部和下部亚相、火山颈亚相、侵出相内带亚相一般物性较好（表4-6）。

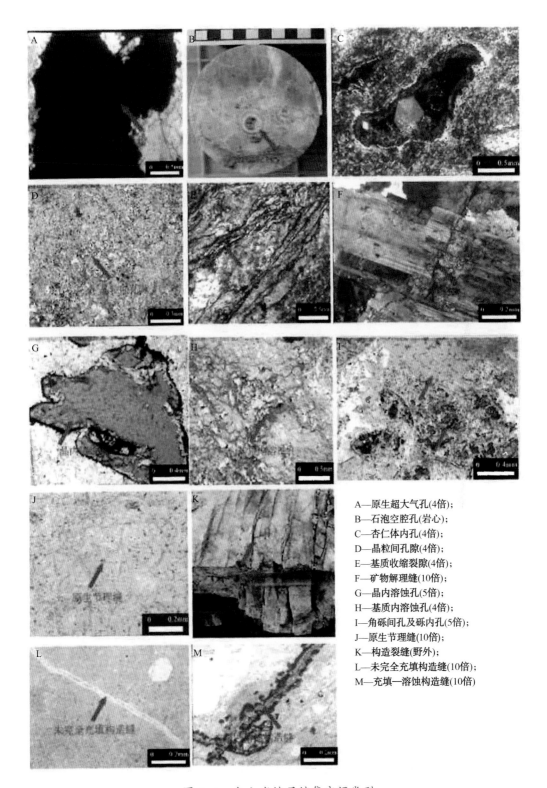

A—原生超大气孔(4倍);
B—石泡空腔孔(岩心);
C—杏仁体内孔(4倍);
D—晶粒间孔隙(4倍);
E—基质收缩裂隙(4倍);
F—矿物解理缝(10倍);
G—晶内溶蚀孔(5倍);
H—基质内溶蚀孔(4倍);
I—角砾间孔及砾内孔(5倍);
J—原生节理缝(10倍);
K—构造裂缝(野外);
L—未完全充填构造缝(10倍);
M—充填—溶蚀构造缝(10倍)

图 4-1 火山岩储层储集空间类型

表 4-4　孔隙结构特征分类

类型	结构特征	孔隙度 /%	渗透率 /$10^{-3}\mu m$	平均孔隙半径 /m
Ⅰ类	粗态型，孔隙发育、裂缝发育	>15	>5	>1
Ⅱ类	偏粗态型，孔隙较发育、裂缝较发育	8~15	1~5	0.5~1
Ⅲ类	偏细态型，孔隙发育较差、裂缝发育程度低	5~8	0.5~1	0.1~0.5
Ⅳ类	细态型，孔隙发育差、裂缝不发育	3~5	0.1~0.5	0.05~0.1
Ⅴ类	极细态型，孔隙发育很差、裂缝不发育	<3	<0.1	<0.05

表 4-5　松辽盆地典型火山岩岩性储集空间类型组合

火山岩岩性	储集空间类型	火山岩岩性	储集空间类型
角砾熔岩	气孔 + 溶蚀孔洞 + 裂缝型	晶屑凝灰岩	溶孔 + 微孔型
气孔流纹岩	气孔 + 裂缝型	凝灰岩	微孔 + 微裂缝型
火山角砾岩	砾间孔 + 溶孔 + 裂缝型	凝灰熔岩	孔隙型
熔结凝灰熔岩	溶孔 + 微孔型 + 裂缝型	致密火山岩	裂缝型

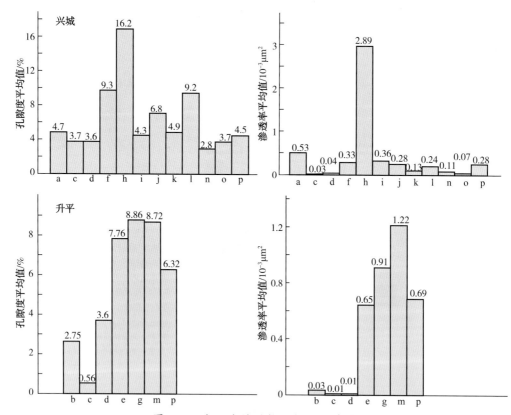

图 4-2　火山岩储层物性与岩性关系图

a—砾岩；b—粗砂岩；c—安山岩；d—英安岩；e—流纹岩、碱长流纹岩；f—球粒流纹岩；g—流纹质熔结凝灰角砾熔岩；h—气孔流纹岩；i—流纹质凝灰岩；j—流纹质晶屑熔结凝灰岩；k—流纹质凝灰角砾岩；l—流纹质熔结晶屑凝灰角砾岩；m—角砾熔岩；n—凝灰角砾岩；o—火山角砾岩；p—集块岩

表4-6　庆深气田火山岩成因类型、储集特征及评价表

评价	井号	深度/m	岩性	岩相	渗透率/10⁻³ μm²	孔隙度/%	毛细管压力孔隙结构特征					备注
							R_a	S_p	SK_p	D_m	P_{cd}	
Ⅰ类	XS8	3703~3767	流纹质角砾熔岩	火山通道相火山颈亚相	8.143	16.47	4.522	0.303	0.199	0.945	0.52	气水同层
	XS6	3834.4~3860	流纹质角砾熔岩、流纹岩	侵出相内带亚相	3.582	9.54	4.854	1.264	0.491	0.783	2.94	气水同层
	XS9	3586.2~3616	气孔流纹岩	喷溢相上部亚相	2.870	8.937	0.182	1.540	-0.004	0.066	2.63	气层
	XS1	3578.4~3705	流纹质含集块火山角砾岩	火山通道相隐爆角砾岩亚相	0.559	6.38	1.867	0.529	0.171	0.334	2.61	气层
	XS1-1	3408~3413.4	灰色流纹质沉凝灰岩	爆发相热碎屑流亚相	0.104	8.23	0.366	0.072	1.753	0.048	5.44	气层
	XS601	3515.2~3545.6	流纹质含凝灰熔结角砾岩	侵出相外带亚相	0.24	7	0.259	1.681	0.547	0.104	3.024	气层
Ⅱ类	XS1	3447~3523.8	流纹质含火山角砾晶屑凝灰岩	火山通道相火山颈亚相，爆发相热碎屑流亚相	0.19	6.52	0.351	2.508	0.331	0.154	2.59	气层
	XS902	3754.1~3761.6	致密流纹岩	喷溢相中部亚相	0.171	5.98	0.508	1.760	-0.378	0.073	8.82	—
	XS401	4178.4~4190.4	绿色火山角砾岩	爆发相热碎屑流亚相	0.14	6.75	1.500	2.579	-0.231	0.237	3.96	气水同层

续表

评价	井号	深度/m	岩性	岩相	渗透率/10⁻³μm²	孔隙度/%	毛细管压力孔隙结构特征					备注
							R_a	S_p	SK_p	D_m	P_{cd}	
Ⅲ类	XS8	3635.2~3686	流纹质晶屑熔结凝灰岩	爆发相热碎屑流亚相	0.03	6.98	0.224	1.083	0.45	0.102	3.96	气层
	XS601	3551.2~3585	流纹质晶屑凝灰岩、角砾岩、流纹岩	爆发相空落亚相、热碎屑流亚相和喷溢相下部亚相	0.02	5.5	0.087	1.632	0.619	0.035	8.42	气层
	XS5	3666.14~3673.1	流纹质晶屑熔结凝灰岩	爆发相热碎屑流	0.053	3.32	0.040	2.031	1.247	0.004	19.95	气层
	XS9	3876.3~3883.9	细晶流纹岩	喷溢相下部亚相	0.038	4.520	0.260	1.640	-0.088	0.062	5.487	气水层间
Ⅳ类	XS602	4019~4026.5	流纹质集块岩	爆发相空落亚相	0.073	3.43	0.037	0.728	-1.000	0.08	22.58	—
	XS9	3706.8~3806	英安质角砾熔岩	喷溢相下部亚相	0.035	2.31	0.576	2.033	-0.5	0.122	9.12	—
Ⅴ类	XS502	3989.4~4088	含角砾晶屑、浆屑、熔结凝灰岩	爆发相热基浪亚相	0.01	2.3	0.027	2.387	-1	0.004	27.53	—

在研究储层孔隙结构时，除应用毛细管曲线形态外，更重要的是从曲线及其衍生图件提取定量特征参数（洪秀娥等，2002）（图4-6）。松辽盆地火山岩储层相关测试数据如表4-7所示。松辽盆地火山岩储层的最大孔喉半径 R 为 0.02~4.90μm。从整体上看Ⅰ类和Ⅱ类储层的最大孔喉半径为 0.4~4.9μm，反映孔隙结构孔喉相对较粗的特点，喉道发育程度较好［图 4-3（a）］。其他 3 类最大孔喉半径小于 0.4μm，其孔隙结构为细孔喉，喉道发育程度、孔隙发育程度均较差［图 4-3（b）］。

表 4-7　基于微观结构的火山岩有效储层分类评价表

储层分类	孔隙度/%	渗透率/10^{-3}μm	最大孔喉半径/μm	最大孔喉半径/μm	岩　性	岩　相	孔隙类型	评价
Ⅰ类	>8	>0.5	>1.5	>0.3	角砾熔岩、火山角砾岩、气孔流纹岩	火山通道相火山颈亚相、隐爆角砾岩亚相、喷溢相上部亚相	气孔、杏仁孔、溶蚀孔、粒间孔和裂缝	好储层
Ⅱ类	6~8	0.1~0.5	0.5~1.5	0.15~0.3	凝灰岩、熔结角砾岩、致密流纹岩、火山角砾岩	爆发相热碎屑流亚相、喷溢相中部亚相、侵出相外带亚相	气孔、粒间孔、溶蚀孔和裂缝	较好储层
Ⅲ类	3~6	0.05~0.1	0.3~0.5	0.03~0.15	细晶流纹岩、凝灰岩	喷溢相下部亚相、爆发相空落亚相、热基浪亚相	微孔、溶蚀孔、溶蚀孔和裂缝	中等储层
Ⅳ类	2~3	0.03~0.05	0.1~0.3	<0.03	角砾熔岩、流纹质集块岩	喷溢相下部亚相、爆发相空落亚相	微孔和微裂隙	差储层
Ⅴ类	<2	<0.03	<0.1	<0.03	熔结凝灰岩	爆发相热基浪亚相、火山沉积相	微孔和微裂隙	非储层

松辽盆地火山岩储层的分选系数为 0.3~2.6，Ⅰ类和Ⅱ类储层的分选系数为 0.3~1.5，反映分选性较好，其他 3 类储层的分选系数 >1.5，反映分选性差。从整体上看,歪度值大部分都大于零,反映其孔喉频率为粗歪度,主

要集中在Ⅰ类和Ⅱ类储层,少数为细歪度主要集中在后3类储层。该区的 P_d 为 0.3~28.0MPa,Ⅰ类和Ⅱ类储层的 P_d 为 0.3~3.0MPa,反映孔喉的连通性及渗流能力较强。后3类储层的排驱压力大多数大于3MPa,反映孔喉的连通性及渗流能力弱。

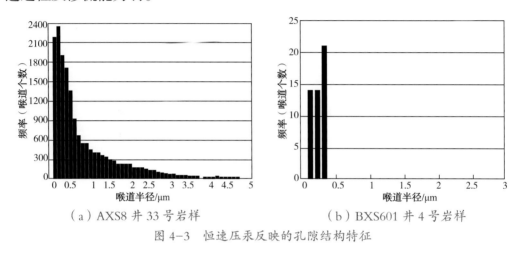

（a）AXS8 井 33 号岩样　　　　　　　（b）BXS601 井 4 号岩样

图 4-3　恒速压汞反映的孔隙结构特征

四、火山岩储层的裂缝

就火山岩储层而言,可以说没有裂缝就不可能成为有效储层,因为裂缝是流体在火山岩中运移的主要通道。

（一）裂缝成因

裂缝的形成是多种地质作用长时间的综合结果。控制裂缝发育的因素很多,这些因素中既有先期的,又有后期的,有物理方面的,又有化学方面的。简单来说,松辽盆地营城组和火石岭组储层火山岩裂缝主要受次生蚀变和中新生代构造运动两大因素控制。影响裂缝发育的各种因素概括起来,主要包括原生因素和次生因素。

1. 原生因素

原生因素是指裂缝形成时的各种条件因素,亦即裂缝形成时的地质背景,主要包括岩性、成分、结构构造、温度和应力等。

1）岩石岩性及成分

岩性同裂缝的形成关系密切，同一构造背景下，不同岩性岩石的变形特征不同。岩性因素主要涉及岩石的矿物成分和结构构造。矿物成分是决定岩石力学性质的物质前提。一般来说，硬度大、刚性强的岩石在应力作用下形成以裂缝为主的变形形式；而对于那些硬度小、韧性强的岩石来说，其应力释放的形式主要为韧性变形，如褶皱等。前者多指一些岩浆岩及变质中的石英岩，大理岩和沉积岩的灰岩、硅质胶结的砂岩等；后者主要指一些页岩、泥岩等。原生气孔发育的刚性火山岩在应力的作用下表现出另一种变形形式，即裂缝主要发育于孔隙之间，并以不规则状微细裂缝为主。这是由于应力在岩石内部传递过程中，于孔隙发育处应力发生方向改变和强度减弱或应力释放所致。

2）岩石结构及构造

岩石的结构构造是决定其力学性质的一个重要因素。岩石的粒度大小、层的薄厚、片理及片麻理发育与否对岩石的力学性质影响极大。岩石粒度主要与裂缝的发育程度有关。在其他条件相当的前提下，粒度粗的岩石中发育的裂缝一般规模较大（延长大），但密度较小，而在细粒岩石中裂缝发育规模小但密度相对较大。

3）岩层厚度

岩层厚度与岩石的变形特征有直接关系。在层面构造不发育的厚层岩石中，其变形特征是以破裂为主，而在层面构造发育的薄层岩石中，变形以褶皱为主要特征。层面构造系指流纹构造、层理、气孔—杏仁构造和片理、片麻理等原生构造，面状构造主要是由矿物、气孔、结晶程度不同的层呈定向排列形成的。其中层理构造在沉积岩中常见，流纹构造和气孔—杏仁构造在火山岩中发育，片理、片麻理则常见于变质岩中。由于这些先存面状构造的存在，破坏了岩石的均质性，对裂缝的形成与发展产生了直接影响。通常在均质条件下，岩石中裂缝的形成与展布只与应力作用方式相关，而在发育有流纹构造、层理、气孔杏仁构造和片理、片麻理时构造应力的作用方式遭到了破坏，尤其是应力易于沿层理、片理或片麻理面以及气孔释放，因而在原生构造发育的岩石中，难以形成具有一定规模的规则裂缝。喷溢相下部亚相的细晶流纹岩中规则的构造裂缝成组发育，而溢流相上部亚相的气孔流纹岩中仅见不规则状短裂缝，其原因就在于此。

4）形成温度

温度指岩石在形成裂缝的过程中所处的温度条件，它也是决定岩石变形性质的因素之一。对同一种岩石而言，温度越高，其变形越趋于塑性；温度低时，其变形性质则趋于脆性，即破裂。温度的高低与其所处的构造位置、地热梯度及埋深有关，埋深越大，温度越高，因而在一些古老的变质岩中，难以发现早期形成的裂缝，只有其被抬升至浅层或近地表才有形成脆性断裂的可能。

5）构造应力

应力大小、应力作用方式、应力施加的速度是控制裂缝力学性质、发育程度及分布规律的主要因素。对同一岩性来说，应力大小与应力的施加速度有关，应力施加越快，效果越明显。至于应力作用方式，则是控制裂缝力学方式与形成裂缝的力学性质及分布规律有对应关系，利用这一关系，可以根据裂缝分布状态恢复其形成时的应力场，也可以根据已知的应力场来推测裂缝的分布规律。

2. 后生因素

后生因素是指裂缝形成以后，对裂缝施加地质作用使得裂缝的状态有所改变的有关因素，主要是指物理风化和化学风化（蚀变）过程。

1）物理风化

物理风化以物理过程对形成的裂缝进行改造，包括温度的升降、水流的冲刷等，其结果使得先期形成的裂缝进一步发育，并使一些小尺度（显微）隐性裂缝发展为显性裂缝，裂缝的发育程度提高，密度加大，贯通性变好。

2）化学风化

化学风化主要是具有化学活动性的流体对先形成的裂缝进行的溶解交代

等化学方式的改造，其结果可能分为两种情况：在浅层和近地表层段裂缝发育贯通情况好的部位，化学风化作用与物理风化作用的结果相当，使裂缝的发育进一步完善；而在相对较深部、裂缝发育较差的部位，化学流体则以沉淀为主，使得裂缝被充填，影响其连通性，一些裂缝中的硅质及钙质充填物主要是这一过程的结果。

总之，原生因素在裂缝形成过程中占主导地位，是裂缝形成的基础，而后期因素则是对先期因素的叠加和改造，影响程度不及前者。

（二）裂缝类型

裂缝的自身特征、密度大小和分布规律等与火成岩储集层中的油气储集过程和结果密切相关。裂缝不仅为油气迁移提供通道，也为其聚集储存提供了空间，因而裂缝的研究是火成岩储集层研究的关键。裂缝的成因虽然受多种因素的制约，但构造应力无疑是其形成的主要因素。不同的应力作用方式将导致不同性质的裂缝形成，而不同力学性质的裂缝，又具有不同的自身特征，这些特征与油气的运储直接相关，因而认为裂缝的分类应以其形成的力学性质为依据。

根据裂缝成因的力学性质，可以将松辽盆地火山岩储层裂缝分为张性裂缝、剪性裂缝、压性裂缝、张剪性裂缝和压剪性裂缝五种类型，其相应特征如下。

1.张性裂缝

张性裂缝是自然界岩石中较为常见的一种裂缝，其产出方向与主压应力平行，是拉张应力作用的结果，一般具有下列特征。

（1）张性裂缝延伸性差，单个裂缝一般短而弯曲，多个张裂缝常以侧列关系出现。

（2）张性裂缝面壁粗糙不平，发育在砾石中的张性裂缝往往绕砾石而过。平面观察张性裂缝，虽可看出总的走向，但却明显呈不规则的弯曲状或锯齿状，后者多是追踪先期形成的两组共轭剪切裂缝发育而成，故又可称之为追踪性裂缝。

（3）张性裂缝两壁相对位移不明显，擦痕不发育。

（4）张性裂缝一般发育密度小，间距较大，即使局部地段发育较多，也是疏密不均，很少密集成带。

（5）张性裂缝两壁间的距离一般较大，呈开口状，通常充填程度较高。

（6）张性裂缝常见分叉现象，以树枝状多见，规则程度差。

2. 剪切裂缝

剪切裂缝是剪切应力作用的结果，由于岩石抗剪强度较抗拉和抗压强度小，所以剪切裂缝较张性裂缝更易形成，因而自然界的岩石中也更为常见。该类裂缝是松辽盆地火山岩中最主要的裂缝类型，主要表现为高角度的两组共轭裂缝。剪切裂缝的主要特征如下。

（1）剪切裂缝产状较稳定，沿走向和倾向延伸较远。

（2）剪切裂缝壁面平直光滑，在砾岩、角砾岩或含有结核、杏仁体的岩石中，剪切裂缝同时切过胶结物、砾石或结核。

（3）剪切裂缝两壁间相对位移较明显，因而其壁面上常留下由于滑动而形成的擦痕和摩擦镜面等。

（4）剪切裂缝一般呈共轭产出，两组共轭剪切裂缝的锐夹角方向代表压应力的作用方向，但有时表现出一组剪切裂缝发育完善，而另一组不甚发育。

（5）剪切裂缝一般发育较密，裂缝间距小，常常密集成带。

（6）剪切裂缝常呈羽列现象，即一条剪切裂缝经仔细观察可见其并非单一的一条裂缝，而是由若干条方向相同、首尾相近的小裂缝呈羽状排列而成。

（7）剪切裂缝两壁间距离较小，常呈闭合状，但在有些岩性中（如灰岩、结晶岩），由于后期风化或地下水的溶蚀作用可以扩大剪切裂缝的壁距。

3. 压性裂缝

既然岩石有抗压强度，那么当岩石受到了大于其抗压强度的力之后就应当形成压性裂缝。事实上，在自然界的岩石中的确存在着与主压应力方向相垂直产出的一类裂缝，特别是火成岩中尤为如此。压性裂缝一般具有下列特征。

（1）裂缝形态以舒缓波状为主，延伸较稳定。

（2）压性裂缝一般两壁间距较小，呈闭合状，充填程度低。

（3）压性裂缝分枝分叉现象少见。

（4）压性裂缝的壁面上常见擦痕、摩擦镜面等构造现象。

以上三种裂缝是自然界中较常见的构造现象，是同一期构造应力场能够配套的构造形迹组合。但在漫长的地质历史演化中，随着时间的变迁，构造应力场也不断发生演变，具体表现为构造应力场主压应力的方位和强度的变化，即发生应力场旋转。由于构造应力场中主应力方位的变化导致了先期形成的各种裂缝的力学性质发生了变化，出现了裂缝力学性质上的叠加与复合，使得先成裂缝在力学性质和自身特征等方面发生了变化，常见的复合型裂缝主要有张剪性和压剪性两种。

4. 张剪性裂缝

张剪性裂缝是在先期形成的剪切裂缝的基础上，叠加了张性裂缝的特征，使得该类裂缝既具有剪切裂缝的某些特征，也叠加了张性裂缝的一些特点，具体特征如下。

（1）张剪性裂缝的壁面较为平直规则，沿走向或倾向较稳定。

（2）可见切开砾石和结核的现象，两壁相对位移较明显。

（3）张剪性裂缝的共轭性较差，以一组发育为主。

（4）张剪性裂缝的发育密度较差，密集成带现象少见。

（5）张剪性裂缝的羽列现象不多见，多以一条裂缝为主。

（6）张剪性裂缝较剪切裂缝开口要大，充填程度中等。

5. 压剪性裂缝

压剪性裂缝也是松辽盆地营城组和火石岭组储层火山岩中最常见的裂缝类型之一。其实，在松辽盆地及其周缘乃至中国东部大部分地区，高角度剪切裂缝多是压剪性的。它们也可以是先期形成的剪切裂缝后期叠加了某些压性裂缝性质而成，其主要特征如下。

（1）压剪性裂缝的壁面平直规则，延伸稳定，有时具有舒缓波状特征。

（2）压剪性裂缝可切过砾石或岩石中的结核。

（3）压剪性裂缝一般密度较大，可密集成带。

（4）压剪性裂缝一般张开程度低，充填少见。

（5）压剪性裂缝常见侧列现象。

以上两种复型裂缝可以是构造应力场主应力方向旋转的结果，也可以由较为特殊的应力场（如剪切对）的非共轴递进变形而形成。判断裂缝的力学性质及其转变，需要进行较为系统的观察鉴别及较大范围的统计测量，以较为准确的认定裂缝性质进而恢复其形成时的构造应力场。

松辽盆地中生界火山岩中的裂隙包括构造裂缝、未填满构造缝和充填—溶蚀构造缝。这些裂隙和孔隙可以形成多种复杂的组合类型。然而，无论哪一种组合类型都必须有裂隙参与才能构成有效储层，因为裂隙使得孔隙彼此连通，是形成天然气运移通道的必要条件。该区火山岩裂缝按力学性质划分的五大类裂隙中，剪性和压剪性裂隙是松辽盆地火山岩储层的主要裂隙类型。按裂隙形成的时间，可分为原生裂隙（岩浆冷凝岩石固结的同时形成的收缩缝）、次生裂隙（火山岩冷却成岩后形成的各种裂隙）以及裂缝经充填—溶蚀等后期改造作用形成的复合裂缝，后两者是本区火山岩的主要裂隙类型。

（三）裂缝期次

目前所观测到的火山岩储层中的裂缝往往不是一次形成的，它们可能是不同期地壳运动的产物，也可能是同一期地壳运动中不同阶段的构造应力作用的产物。不论何种情况，均应首先区分出不同裂缝的形成次序，然后才能进行其他的理论分析。判断裂缝形成的次序通常采用下述方法：

（1）裂缝的切断和错开。后期形成的裂缝常切断前期形成的裂缝。如果后期裂缝属于剪性裂缝，则被切断的前期裂缝往往还表现为具有少量位移的对应错开现象。

（2）限制和中止。一组裂缝被限制在另一组裂缝的一侧而中止的现象说明前者形成较晚。

（3）相互切断错开。两组裂缝在相交时均不中止，而是互相切断并彼此错开，或在一处甲组被乙组错开，而在另一处乙组被甲组错开，这种情况表明甲、乙两组裂缝同时形成。

（4）裂缝的充填情况。裂缝由于形成的时期不同，充填的物质成分和程度也不相同。一般来说，同等规模的早期裂缝要比晚期裂缝充填程度高，这是因为早期形成的裂缝经历流体作用和沉淀时间较长的缘故。但对于不同规模的裂缝而言，规模越小，充填程度越高，这是因为在小规模裂缝中流体的活动性差，处于相对滞留的环境，有利于物质的沉淀。另外，裂缝的力学性质及其连通情况也是控制裂缝充填程度的因素，通常在裂缝密度大且连通性好的情况下，裂缝的充填程度差，而在裂缝密度小且连通性差的情况下，裂缝的充填程度高。

用钻井资料进行裂缝期次的划分往往较为困难，因为能够观测的实际资料有限。同时，由于在多数情况下，裂缝系统是多期叠加，随着不同期构造应力场的演化，早期裂缝的力学性质发生了复合和转化，新的裂缝系统与先期形成裂缝叠加在一起，致使裂缝系统表现的十分复杂。但一般对于某一特定地区的特定层位而言，储层火山岩中的裂缝都有一组优势裂缝。如松辽盆地北部营城组火山岩的裂缝系统以 NNE 向高角度剪切裂缝为主，与其共轭的另一组裂缝发育程度稍差些、走向 NNW。

（四）储集空间类型及成因

不同地区的火山岩储集空间及其组合类型是不同的，但裂缝在使彼此孤立的孔隙连通这一点上几乎是相同的。松辽盆地营城组火山岩的储集空间组合类型主要归为以下四种：

1. 粒间孔 + 溶蚀孔 + 裂缝型

储集空间以粒间孔、溶蚀孔为主，微孔隙次之，宏观裂缝较发育，裂缝主要起连通作用，是最有利的储集空间组合类型。此种孔隙组合类型常见于流纹质角砾熔岩中。

2. 溶蚀孔 + 微孔隙、微裂缝型

储集空间以较小溶蚀孔隙为主，微孔隙次之，见少量粒间孔缝和微裂缝。此种孔隙组合类型主要见于风化壳流纹质凝灰岩中，其储集性能比与裂缝结合的孔隙类型差一些。

3. 微孔隙 + 微裂缝型

储集空间以微孔隙为主，见少量溶蚀孔及微裂缝。此种孔隙组合类型主要见于凝灰岩及少部分集块岩中，是较差的储集空间组合类型。

4. 微孔隙

储集空间只以微孔为主，主要见于凝灰岩中，是最差的储集空间组合类型。基本上，只有裂缝发育的火山岩才能够成为有效储层。

裂缝是火山岩储层的储集空间之一，是流体运移以及油气运聚的主要通道。根据岩心和薄片观察，松辽盆地火山岩储层的裂缝按形成动因主要包括构造裂缝、炸裂缝、冷凝收缩缝和溶蚀缝，其中对储层改造作用强烈的是构造裂缝和溶蚀缝。构造裂缝在我国东部地区多表现为高角度（50°~90°）成组的共轭裂缝，一般较为规则、以压扭性裂缝为主，可能与新生代郯庐断裂体系右旋走滑作用有关。炸裂缝在宏观尺度上表现为岩浆地下爆炸使先期围岩炸裂（如隐爆角砾岩）或岩浆遇水自身炸裂（如珍珠岩的炸裂纹等）形成的裂缝，在微观尺度上表现为斑晶的炸裂纹（如常见的自碎斑）。冷凝收缩缝是指岩浆冷凝收缩过程中产生的各种裂缝，在宏观尺度上包括板状节理、楔状节理、柱状节理的缝隙，在微观尺度上包括各种隐晶质和玻璃质岩石中的微裂缝，如珍珠岩类的珍珠构造和珍珠壳之间的裂缝，基质收缩缝等。石泡构造的石泡空腔孔实质上也是一种冷凝收缩缝，其形成是由于外壳较之内部提前冷凝，被包裹的熔浆在体积已被围限固定的条件下发生等容降温自外向内陆续冷凝固结，形成石泡层圈构造，同时由于总的体积收缩产生石泡空腔孔隙。溶蚀缝是指流体作用下由于流体—岩石反应而产生的各种裂缝，它们是最普遍的一种裂缝，岩浆喷发流体到后期埋藏、构造—热事件，乃至排烃流体都会产生溶蚀缝。溶蚀缝往往是在原裂缝基础上发育的，使原来的裂缝进一步加大。

根据地震资料分析松辽盆地庆深气田火山岩储层裂缝的分布特征，发现断裂活动对裂缝发育具有一定的控制作用，断裂带附近裂缝发育程度较高，远离断裂带裂缝发育程度较低。地震识别出裂缝发育的主体方向是北西向。储层的构造裂缝大致可分为三期：早期和中期一般为被方解石和泥质等充填或半充填的裂缝，晚期一般为未被充填的裂缝。通过大量的岩心和薄片资料对储层裂缝描述和统计分析结果表明，未被充填的开启缝为有效缝，占裂缝总量的 68%，为良好的渗流通道。裂缝密度平均为 3.4 条 /m，裂缝宽度平均为 0.09mm，产状主要为高角度裂缝。从岩性上看，坚硬、脆性的熔岩类裂缝发育，尤其是细晶流纹岩、熔结凝灰熔岩、晶屑凝灰熔岩和角砾熔岩的构造裂缝发育程度较高，密度最大，密度平均为 3.26~5.27 条 /m，熔结凝灰熔岩的成岩缝最为发育，从测量结果可知，在 XS5、XS1 和 XS6 井区为裂缝的高密度区，它们也是储层物性和产能较好的地区。不同岩性的裂缝密度和开启程度存在较大差别（图 4-4）。裂缝的形态和切割关系表明，裂缝的形成往往是多期的（图 4-5）。该区裂缝的类型主要为高角度裂缝和网状裂缝。从岩心可以观察到裂缝内的充填物和充填程度在不同地区和不同井段存在较大的差别。

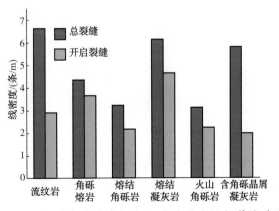

图 4-4　松辽盆地营城组火山岩储层岩性与裂缝关系

（a）XS201 井，3177.99~3178.12m，球粒
流纹岩，裂缝被充填，水平裂缝被垂直
裂缝错动

（b）XSI-1 井，3408.89~3409.12m，流纹质
晶屑凝灰熔岩，裂缝为垂直、斜交和近水平
裂缝

图 4-5　松辽盆地营城组火山岩裂缝及其组合典型特征

通过全直径岩心的 X-CT 图像分析发现，除裂缝外火山岩多数可见有明显
的溶洞发育。溶洞数量较多，孔径较大，但溶洞与溶洞之间的连通还是靠裂
缝。部分岩心内可见裂缝，这些裂缝有两种不同的产状特征，一是裂缝的宽度
虽然较大，但裂缝内通常被高密度的物质充填；二是裂缝的宽度虽然较小，但
裂缝通常处于张开状态，裂缝内的充填物较疏松（图 4-6）。正是裂缝密度和开
启宽度控制着火山岩储层的有效性和产能。根据钻井资料分析，黑色块状为溶洞，
黑色细线为微裂缝，黑色细竖线为微裂缝，白色部分为充填程度高的宽大裂缝。

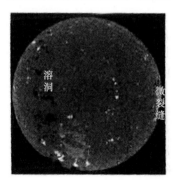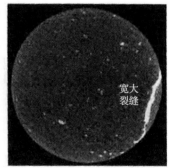

图 4-6　松辽盆地营城组 XS9 井全直径岩心的 X-CT 图像

钻井资料揭示，当裂缝密度大于 5 条 /m 和开启宽度大于 0.5mm 时，火
山岩储层气孔的连通性好，火山岩就能够成为较好的储层；当裂缝密度小于
5 条 /m 和开启宽度小于 0.5mm 时则火山岩的储集性能较差（表 4-8）。

表4-8　松辽盆地火山岩裂缝发育程度与储层物性及产能关系

储层分类		有效厚度/m	孔隙度/%	渗透率/$10^{-3}\mu m^2$	平均孔喉半径/μm	岩石密度/(g/m^3)	裂缝发育程度		采气指数/[m^3/($MPa^2 \cdot d$)]
							密度/(条/m)	开启密度/mm	
I		>30	>10	>5	>0.5	<2.4	>10	>1.0	0.040（压前）
II		10~30	5~10	1~5	0.25~0.5	2.4~2.48	5~10	0.5~1.0	0.040（压后）
III	III_1	<10	<5	0.1~1	0.1~0.25	2.48~2.53	3~5	0.1~0.5	<0.040
	III_2			<0.1	<0.1		<3	<0.1	

（五）裂缝识别技术

目前用于裂缝研究的成像测井主要有两类，即声波成像测井和电阻率成像测井（付建伟等，2004）。其中井周声波成像测井以超声波扫描测量方式对井壁地层进行数字成像。这种方法对识别裂缝、划分岩性很有效（乔德新等，2005），但在测井的过程中，泥浆、地层特性以及井眼的规则程度对成像效果影响较大。地层微电阻率扫描成像测井依据岩石成分、结构及所含流体的电阻率差异会引起电流的变化，从而生成电阻率的井壁成像。以此对地层的裂缝、岩石类型、岩石结构和沉积构造等特征进行形貌描述（赵澄林，1996；陈钢花等，1999）。

近年来，大庆油田应用较多、效果较好的是微电阻率扫描成像测井，它对宏观裂缝的倾向、倾角、裂缝密度、裂缝开度、裂缝孔隙度等能够进行定量计算。各种裂缝在成像测井图像上的特征为：高角度裂缝在成像图上表现为低阻的暗色条纹，切割整个井眼；垂直缝在成像图上表现为低阻对称出现的暗色条纹，不能切割整个井眼；低角度裂缝在成像图上表现为低阻的暗色条纹，切割层理或井眼；网状缝在成像图上表现为暗色网状形态；溶蚀孔洞在成像图上表现为暗色斑点的低阻团块。运用图像处理技术，可得到井壁表面宏观裂缝的视孔隙度和目的层的宏观裂缝孔隙度（图4-7、表4-9）。

取心段裂缝的详细观测和研究是火山岩储层研究的重要环节，非取心段测井成像研究对掌握整个井段的裂缝全貌至关重要。对于勘探开发而言，更重要的是需要了解无井区的裂缝发育情况，即要求对裂缝能够进行有效预测。裂缝在无井区的空间分布是井位部署的重要依据。钻井约束下的地震裂缝预测是火山岩气藏勘探开发的基础。在对大庆探区火山岩储层十余年的探索过程中，曾经尝试研发过多种储层裂缝识别的地震技术（尹志军等，1999；季玉新，2002；邓攀等，2002；Wang、Li，2003；Dragana等，2004；陈佳梁等，2004；甘其刚、高志平，2005）。从实际效果看，叠前裂缝检测技术能够对定向高角度裂缝达到半定量预测，适合庆深气田地质条件，效果较好，目前较为有效的叠前裂缝检测技术有速度随方位变化（VVA）方法、振幅随方位角变化（AVA）方法等。

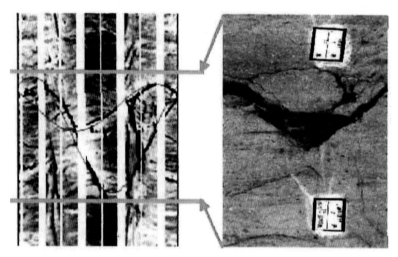

图 4-7 XS9 井（3596.15~3596.55m）火山岩取心段裂缝在微电阻率成像测井中的响应

表 4-9 典型探井火山岩段裂缝特征计算结果

井段 /m	厚度 /m	数目 / 条	裂缝长度 /m	密度 /（条 /m²）	裂缝视孔隙度 /%
3530~3532	2	2	1.25	1.15	0.83
3539~3541	2	1	1.44	1.15	0.71
3541~3545	4	6	2.41	2.16	1.15
3545~3551	6	11	3.98	3.11	0.51
3551~3555	4	6	1.76	1.58	0.70
3555~3557	2	2	2.28	1.88	0.30
3561~3572	11	15	2.89	2.29	0.60
3584~3587	3	3	1.91	1.52	0.93
3592~3598	6	7	2.15	1.77	0.21

五、火山岩油气成藏组合

火山岩油气成藏组合总体有两大类型：一是自生自储型组合，二是旋回式组合。

1. 自生自储型组合

火山岩与沉积岩不等互层形成的组合，沉积岩中生成的油气运移储集到火山岩中形成油气藏。

2. 旋回式组合

较厚的火山岩与沉积岩不等互层形成的组合，沉积岩中生成的油气运移储集到火山岩中形成油气藏。

六、火山岩油气成藏的控制因素

1. 岩浆活动与油气运移

岩浆活动产生的巨大热能不仅构成油气运移的动力，同时在围岩中伴生岩浆活动而产生的许多小断层与裂缝是油气运移的有利通道。此外，岩浆侵入的通道也是一条有利的油气运移通道。塔中地区早二叠世末岩浆侵入，穿透了上寒武统、奥陶系的泥岩、碳酸盐岩等巨厚岩层，形成的岩墙存在一个与不同时代的地层近垂向接触的岩墙面。这个面的愈合过程需要一定的时间，它恰似"直立的不整合面"。因此，在岩浆活动及之后相当长一段时间内，油气就可以沿这个面向上运移，经此通道运移的油气只能在下二叠统及以下层位聚集，如塔中47油藏存在这样一种岩墙面作为油气运移通道。

2. 火山岩破坏作用

火山活动对早期形成的圈闭起破坏和改造作用。火山活动产生的高温和热液，使储层发生不同程度的变化，产生的成岩矿物充填和堵塞储集空间，导致储层变差，并对火山口附近的早期油藏产生破坏作用，油气被烘烤而逸散，如塔中18、塔中21等井。

第五章　中国重点地区火山岩油气藏

　　我国火山岩储层和油气藏的勘探开发始于 20 世纪 70 年代，于 20 世纪 90 年代中后期得到突飞猛进的发展。目前，我国主要的油气盆地内几乎都发现了火山岩和火山岩储层。塔里木、准噶尔等西部盆地的火山岩和火山岩储层主要发育于晚海西期和燕山期。东部中新生代盆地的火山岩和火山岩储层主要见于晚侏罗—早白垩世和古近纪盆地的充填序列之中。目前我国已建成一大批具有一定规模、一定储量和产量的以火山岩储层为主的油气田。与国外对比，我国中新生代陆相含油气盆地中火山岩储层和油气藏更为发育。松辽盆地（邵正奎等，1999；李长山等，2000；陈建文等，2000）、二连盆地（费宝生，1998）和开鲁盆地（周超等，1999）的火山岩储层以晚侏罗至早白垩世（J_3–K_1）中酸性岩为主、中基性岩为辅。渤海湾盆地群（姜在兴等，1997；杜贤樾、肖焕钦，1998；肖尚斌等，1999）以及合肥盆地（丛柏林等，1996）以中基性、偏碱性的第三系火山岩为主。渤海湾盆地群中成藏性好且勘探开发程度较高的储层火山岩发育区有：下辽河坳陷热河台欧利坨子地区（Chen 等，1999），冀中坳陷廊固凹陷（吴小州等，1997），黄骅坳陷枣北地区（束景锐等，1997）和凤凰店地区（Luo 等，1999），济阳坳陷惠民凹陷中部（谢忠怀等，1998）、东营凹陷南部（曾广策等，1997）。

　　我国火山岩分布较为广泛，六大盆地和一些中小盆地均有分布，具有多时代性和多期性。火山岩类型齐全，包括超基性、基性、中性、酸性、中基性和中酸性等。岩石类型繁多，有各种熔岩及凝灰岩，产出时代共有 9 个（O、S、D、C、P、J、K、E、N）。以准噶尔盆地古生代火山岩最多最多，其次是松辽盆地上古生及侏罗系最多，共六期，分别概述如下。

一、准噶尔盆地

1.下泥盆统

准噶尔盆地下泥盆统为浅海相沉积，其分布范围较广，包括阿尔泰山南缘，西准噶尔大部分，东准噶尔北部及吐鲁番—哈密广大地区。向西延入哈萨克斯坦，向东到蒙古阿尔泰。在阿尔泰镇至康布铁堡一带，海底火山喷发活动强烈，下泥盆统康布铁堡组主要为酸性火山岩夹火山角砾岩及少量正常碎屑岩、碳酸盐岩，厚2537m。在红山嘴及其以东的中蒙边界地区，下泥盆统主要为中酸性火山岩，厚达9771m。

2.中泥盆统

准噶尔浅槽盆相区范围与早泥盆世基本相同，但西准噶尔地区南界明显北移，包括塔尔巴哈台山南坡地区、东准噶尔及北塔山等地。在东准噶尔地区自北向南可分三种沉积类型：

北部阿勒泰市以南至布尔津南部一带是一套巨厚的（5002~7437m）地槽型复理石沉积，主要由中—细粒碎屑岩和碳酸盐岩组成，夹有硅质岩和泥质岩。碎屑岩沉积韵律明显，层理清楚。泥岩层理面上有大量生物印痕和虫迹，灰岩夹层较多，内含大量腕足类、珊瑚、三叶虫、双壳类、苔藓虫和海百合茎等底栖动物化石。

中部为火山岩、火山碎屑岩夹硅质岩及少量碎屑岩、碳酸盐岩，该区北部厚4015m，南部厚2063m，含腕足类、珊瑚及三叶虫化石和少量植物碎片。在西部黑山头一带，中泥盆统萨吾尔山组厚2079m，除火山岩外还夹有钙质砂岩和薄层灰岩，含腕足类和珊瑚化石。西邻哈萨克斯坦北萨吾尔地区中泥盆统亦为火山岩，厚2000m。

南部为火山碎屑岩和正常碎屑岩沉积，分布于富蕴至青河以南及二台等地区，主要为火山碎屑岩和正常碎屑岩夹灰岩、硅质岩和火山岩，总厚1140~1800m。灰岩中含腕足类、珊瑚、海百合茎及少量植物碎片。该相区厚度大于千米，层理发育，韵律清楚，火山活动较强且有硅质沉积，相变较大。

3. 上泥盆统

上泥盆统海域面积较中泥盆统大为减少，海水变浅，包括现今的东西准噶尔及北天山西部地区。西准噶尔地区为海陆交互相沉积，其他地区多为陆缘近海湖环境，主要接受陆相沉积，偶见海相夹层。北疆海包括塔尔巴哈台滨海沼泽相带、巴尔鲁克滨海陆屑滩相带、准噶尔北陆地边缘相区和博乐陆地边缘相区（表5-1）。

表 5-1　准噶尔盆地地层发育特征表

界	系	统	组		岩　性
古生界 Pz	二叠系 P	上统 P_3	上乌尔禾组 P_3w		棕褐色、灰褐色砾岩夹砂岩、泥岩
		中统 P_2	下乌尔禾组 P_2w		上部为深灰色砂质不等粒砾岩夹泥岩、砂岩及多层煤线；下部为灰色泥岩与砾岩、砂岩互层；底部为灰绿色、灰色砾岩与砂岩互层夹泥岩、粉砂岩
			夏子街组 P_2x		灰褐色、灰绿色砾岩与棕色、褐灰色砂岩
		下统 P_1	风城组 P_1f		深灰色、灰黑色凝灰质白云岩、云泥岩
			佳木河组 P_1j	上亚组	流纹岩、安山玄武岩及火山碎屑岩
				中亚组	褐灰色砂砾岩、凝灰质砂砾岩及安山岩
				下亚组	褐灰色、深灰色凝灰岩及安山岩夹砂砾岩
	石炭系 C	上统 C_2	太勒古拉组 C_2t		灰色、灰绿色、紫红色薄层状凝灰岩、凝灰质粉砂岩夹辉绿岩、玄武岩、细碧岩
		下统 C_1	包古图组 C_1b		薄层状灰黑色凝灰质泥岩、凝灰质粉砂岩夹硅质岩、砂岩
			希贝库拉斯组 C_1x		厚层状灰色、深灰色砂岩与凝灰岩互层，局部夹火山岩和生物灰岩

塔尔巴哈台滨海沼泽相带海水较中泥盆世明显变浅，局部形成沼泽。上泥盆统为各种粒度的碎屑岩、泥质粉砂岩、泥岩和硅质岩，夹可采煤 3~6 层，厚 730~2978m。在塔城北该统为碎屑岩夹硅质岩，厚 730m，含三层腐殖煤，煤的底顶板为炭质粉砂岩及泥岩，其北喀木斯特煤矿为碎屑岩夹煤层，其南在 1100m 厚的碎屑岩中含六层煤，向东厚 1867m，底部有 221m 灰

褐色细砾岩夹粗砂岩，具细层理，其上为中厚层状中—细粒砂岩、波痕发育的细砂岩、粉砂岩、条带状硅质岩、砂质泥岩夹凝灰岩及火山角砾岩，含腕足类、海百合茎及植物化石。在玛依阿因河下游一带，上部有火山碎屑岩及中、基性火山熔岩夹层，下部有煤层、煤线及灰岩凸镜体，含腕足类、腹足类、双壳类及植物化石。砂岩具波痕，凝灰岩具条带状且发育微细层理，植物多为碎片。东至沙热巴斯山一带夹有生物碎屑灰岩、砂质灰岩及硅质燧石结核。相带北部在火山碎屑岩中含植物化石，厚 2978m。

二、塔里木盆地

1. 二叠系库普库孜满组（P_2k）

库普库孜满组根据岩性组合分为两亚组，下亚组为灰绿色、紫红色砂岩、粉砂岩、泥岩不均匀互层夹凝灰岩，上亚组为黑色玄武岩夹灰绿色薄层状粉砂质泥岩和粉砂岩，厚度 369~458m，与下伏康克林组整合接触。

2. 二叠系开派兹雷克组（P_2kp）

开派兹雷克组根据岩性组合分为两亚组，下亚组为紫红色、灰紫色、灰绿色长石岩屑砂岩夹泥岩、凝灰岩、粉砂质泥岩、泥晶灰岩及煤层，上亚组为黑色玄武岩夹杂色泥岩、粉砂质泥岩和黑色炭质页岩，厚度 430~1117m，下部与库普库孜满组整合接触。

3. 二叠系沙井子组（P_3s）

沙井子组为灰绿、紫红、砖红色粉砂质泥岩夹砂岩及生物碎屑灰岩，底部为砾岩。

三、柴达木盆地

柴达木北缘残山地区仅发育上奥陶统，分布于阿哈提山、赛什腾山、绿梁山、锡铁山等地，称滩间山群。上部为片状长石砂岩、粉砂岩、中基性火山岩、火山凝灰岩互层；中部为安山岩、英安岩、凝灰岩夹凝灰砾岩、绿色片状砾岩、粗粒石英砂岩、含砾砂岩；下部为安山岩、结晶灰岩、千枚岩互层，未见底。该区以火山岩、火山碎屑岩发育为特征，属活动型或过渡型建造。

柴达木南缘地区仅有上奥陶统，称铁石达斯群，建造特点与柴北缘残山地区相类似，下部为砂泥岩夹结晶灰岩及硅质岩，上部为中基性火山岩及白云岩，偶见火山沉积型铁矿。在祁漫塔格山北坡断续分布，以拉陵灶火河、饮马泉等出露较好，亦属过渡型沉积。

柴达木北缘地区 泥盆系称牦牛山组，以陆相为主，在阿木尼克山可能有海相夹层，牦牛山和赛什腾山为典型陆相沉积，下部以紫色为主的杂色碎屑岩系，上部为灰色中性火山岩、火山碎屑岩为主夹紫色碎屑岩，顶底皆为角度不整合接触。

柴达木南缘地区火山岩分布于昆仑山北坡，其中祁漫塔格山东段北坡为海陆交互相，称黑山沟组和哈尔扎组，其余为陆相沉积，称契盖苏群，主要为一套杂色碎屑岩及火山岩。

1. 晚石炭世早期

（1）羊虎沟群：岩性为黑色炭质页岩、砂质页岩、砂岩、灰色灰岩夹砾岩、煤层及菱铁矿等。厚度变化较大，为36~1553m，含腕足类、珊瑚、类化石等。

（2）中吾农山群：下部以碎屑岩为主，上部以碳酸盐岩为主，火山岩、火山碎屑岩较为发育，厚1209~3179m，含类、珊瑚、头足类、腕足类等化石。该群与土尔根达坂群接触关系不清楚。

2. 晚二叠世

在隆起区周缘主要发育滨浅海相砂泥岩，昆仑山前含火山岩。

3. 三叠纪

分布在南缘从祁漫塔格山西南和喀雅克塔格和都兰察汗乌苏流域一带，下统下部以中酸性火山岩为主，为陆相安山质—流纹质火山岩夹碎屑岩、凝灰岩、火山角砾岩，厚度一般大于 2000m。

四、走廊地区

1. 印尼喀拉—红柳园地区

该区仅发育中上泥盆统。中统为海陆交互相的灰岩、砂岩、泥质岩及火山岩，厚度 2018m；上统为陆相的火山岩及碎屑岩，厚度 1490m。

2. 巴丹吉林地区

该区只沉积了中统、下统，为浅海相的灰岩、砂岩、泥岩不等厚互层夹火山岩，厚度 1035m。

3. 武威—中宁地区

该区泥盆系发育较全。中统、下统为河—湖相紫红色砂岩、砂砾岩，局部夹火山岩及白云岩薄层，厚度 820m；上统为河湖相紫红色砂岩、砾岩，厚度 755m。

五、松辽盆地

（1）石炭纪—二叠纪有三期火山岩，主要岩石类型为玄武岩、安山岩、安山玄武岩、安山质凝灰岩、火山角砾岩。

（2）侏罗纪火山岩：营一段为安山玄武岩、安山岩、安山质凝灰岩、火山角砾岩，营二段由流纹岩、黑曜岩、松脂岩、珍珠岩、酸性火山岩和火山碎屑岩组成，如凝灰岩、火山角砾岩和集块岩等。

六、四川盆地

四川盆地西部地区峨眉山玄武岩最厚超 3000m，属于富铁、富钛拉斑玄武岩。玄武岩分布区以东为河流相、湖沼相砂砾岩、泥页岩夹薄煤层，统称宣威组。再往东至贵阳、南川、达县、剑阁以西，晚二叠世早期（龙潭期）为海陆交替相砂泥岩夹煤层的薄灰岩，晚期（长兴期）以开阔台地相碳酸盐岩为主，该相区以东为开阔台地相区（图5-1）。

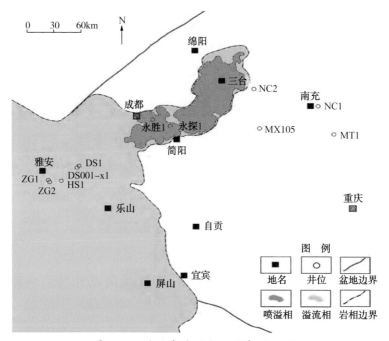

图5-1　川西南地区火山岩相平面图

第六章 中国典型火山岩油气田

我国火山岩分布较为广泛，六大盆地和一些中小盆地中均有分布。

一、四川盆地

四川盆地二叠系火山岩勘探始于 20 世纪 60 年代。1966 年在四川盆地威西地区钻遇二叠系峨眉山玄武岩，后于川西南部犍为—宜宾以及川西仁寿、蒲江、洪雅、雅安等地区相继钻遇该套玄武岩。1991 年 8 月在四川盆地周公山构造钻探 ZG1 井，玄武岩厚度达到 301m，在玄武岩段测试获得日产气量 $25.61 \times 10^4 m^3$ 的工业气流，发现了火山岩气藏，揭开了火山岩气藏勘探的序幕。该井 2002 年投入生产，截至 2010 年（停产前）已累计产气 $2396.22 \times 10^4 m^3$，累计产水 $20.94 \times 10^4 m^3$。后期陆续在川西南地区钻探多口钻井，在玄武岩段测试均产水或为干层。2018 年年底，在成都—简阳地区钻探的永探 1 井首次钻遇厚层喷溢相火山碎屑熔岩，储层平均孔隙度为 11.5%，测试日产气量为 $22.5 \times 10^4 m^3$，揭示了四川盆地火山岩具有较大的天然气勘探潜力（图 6–1）。

永探 1 井以发育喷溢相火山碎屑熔岩为主，火山角砾熔岩、凝灰质角砾熔岩为主要储集岩类。储层物性较好，全直径岩心分析孔隙度为 6.68%~13.22%，全直径平均孔隙度为 10.26%，柱塞样平均孔隙度为 13.11%；全直径渗透率较高，垂直渗透率为（0.014~0.430）$\times 10^{-3} \mu m^2$，平均为 $0.190 \times 10^{-3} \mu m^2$，水平渗透率为（0.52~4.43）$\times 10^{-3} \mu m^2$，平均为 $2.35 \times 10^{-3} \mu m^2$。永探 1 井天然气中甲烷含量为 98.99%~99.07%、乙烷为 0.35%、丙烷为 0.03%，为典型的干气；硫化氢含量仅为 $0.61 mg/m^3$，达到民用天然气含硫标准（低于 $20 mg/m^3$），按照含硫标准划分为微含硫气藏。永探 1 井实测地层压力为 125.625MPa，地层温度为 135℃，为高温、超高压微含硫气藏。

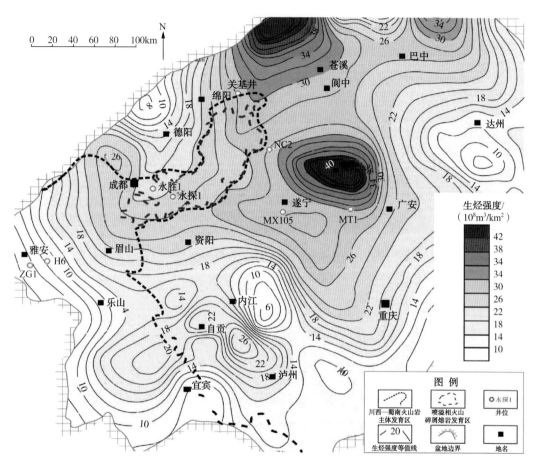

图 6-1　四川盆地中二叠统生烃强度图

永探 1 井岩性主要为火山角砾熔岩、凝灰质角砾熔岩，主要矿物为辉石、斜长石、钠长石、角闪石，还可见大量后期蚀变和交代产物，如钠长石、绿泥石、伊丁石、方解石等。根据地震预测，成都—简阳地区靠近火山机构主体位置的火山碎屑熔岩厚度为 200~350m，向火山机构边缘，厚度逐渐减薄，直至尖灭。2017 年永探 1 井，该井钻遇二叠系火山碎屑熔岩、火山角砾熔岩、凝灰质角砾熔岩，中途完井测试获天然气流日产 $22.5 \times 10^4 \text{m}^3$，实现了四川盆地二叠系火山岩勘探的重大发现，展现了火山碎屑岩气藏的勘探潜力。

二、准噶尔盆地

（一）克拉玛依油田

克拉玛依油田位于准噶尔盆地西北缘的克拉玛依市区附近，东南距乌鲁木齐市约 400km，油田呈北东—南西向展布，长约 50km，宽约 10km。

克拉玛依油田发现于 1955 年 10 月，发现井为克拉玛依 1 号探井，位于油田西部二区南黑油山背斜轴部。该井于 1955 年 7 月 6 日开钻，10 月 20 日完钻，完钻井深 620m，钻穿侏罗系、三叠系进入石炭系完钻，产层为中三叠统克拉玛依组下亚组（T_2k_1）S_7 砂层组，井段为 487.5~507.5m，折算日产油 19.62t。

克拉玛依油田发现后，立即在盆地西北缘展开了大规模的油气勘探，到 1958 年基本探明了克拉玛依油田的储量规模，并选定了一区、二区和七东区陆续投入正式开发。

克拉玛依油田共钻各类探井 1000 多口，各类开发生产井 6300 多口，油田的采出程度为 16.09%，综合气油比为 100m³/t，综合含水率为 59.7%，采油速度为 1.00%。

1. 构造及圈闭特征

克拉玛依油田位于准噶尔盆地西北缘冲断带上，受断裂带控制。冲断带呈北东向展布，由红—车断裂带、克—乌断裂带、乌—夏断裂带组成。克拉玛依油田处于克—乌断裂带的西南端，即克拉玛依—白碱滩段。

克—乌断裂带主断裂穿过油田中部，北东走向，断面北西倾，上陡（60°~75°）、下缓（20°~45°），呈"犁状"。以三叠系为底界计算，其垂直断距为 280~1200m，水平断距为 100~1400m，断裂发生于海西晚期，活动一直延续到燕山早期的中侏罗世末期，断裂带隐伏在晚侏罗世—白亚纪沉积层之下，为油气聚集创造了良好的保存条件。主断裂具有明显的同沉积性，上下盘地层有显著的差别。在长期构造活动中，主断裂又派生出若干分支断裂，从其走向可分为两组：一组近东西向，主要包括南黑油山断裂、北黑油山断裂、南白碱滩断裂、北白碱滩断裂等；另一组为北西—南东向，主要有大侏罗沟断裂带等。由于断裂在剖面上呈雁行状的切割，使油田形成了由北西向南东逐级下降的断阶构造。地层呈由北西向南东倾的单斜状，倾角一般为 5°~10°；近断裂附近往往形成局部挠曲或鼻状构造，地层倾角可增大到 15°~25°；根据断裂的切割情况，油田被划分成十个开发区，即一区、二区、三区、四区、五区、六区、七区、八区、九区和黑油山区（图 6-2）。

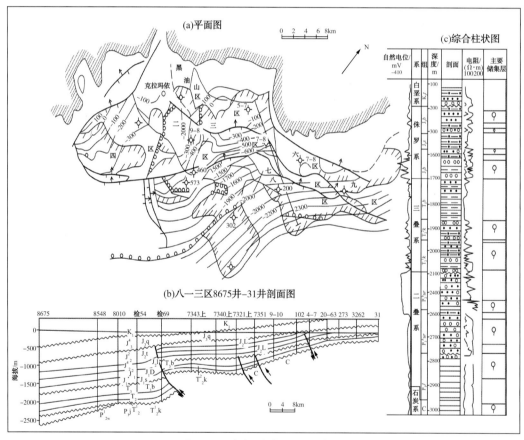

图 6-2　克拉玛依油田综合图

克拉玛依油田东南方的玛纳斯湖生油凹陷，是油田的主要油源区。从晚二叠世开始至白垩纪末，盆地逐渐扩大，各时期沉积向边缘地区逐层超覆，从而使处在边缘相的克拉玛依油田地区形成五次大规模的地层超覆不整合。

加之断裂活动相伴随，为油气的运移和储集创造了良好的条件。在其构造和沉积背景控制下，克拉玛依油田形成多种类型的圈闭，分别介绍如下。

（1）断块圈闭：多为沿主断裂线分布的前缘断块，即被两条断裂所夹持的封闭型断块，如七区、九区南部的小断块区等。

（2）断裂遮挡的地层超覆圈闭：各区块克下组油藏多属此类。

（3）断裂遮挡的岩性圈闭：如五区、八区的中三叠统油藏、上二叠统乌尔禾组油藏等。

（4）地层超覆不整合圈闭：多见于主断裂上盘，侏罗系、白垩系超覆不整合在石炭系或三叠系之上，形成浅层稠油藏，如六区、九区上侏罗统齐古组油藏等。

（5）潜山型不整合圈闭：地层超覆不整合面之下，往往形成基岩潜山型不整合圈闭，如一区、三区、六中区石炭系火山岩油藏，五区、七区和九区南部下二叠统佳木河组（P_1j）火山碎屑岩油藏（图6-3、图6-4）。

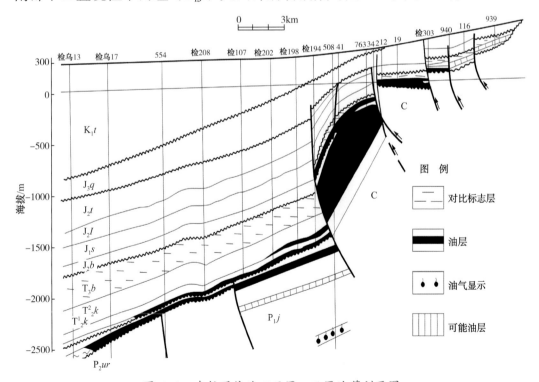

图6-3　克拉玛依油田五区一三区油藏剖面图

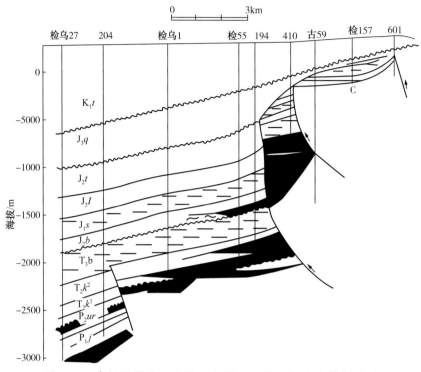

图 6-4　克拉玛依油田六区、七区、八区、九区油藏剖面图

2. 储集层

1）储集层简况

（1）石炭系—下二叠统（C—P_1）。

该层系以中基性火山喷发岩为主，其次为少量酸性喷发岩、轻变质砂砾岩和凝灰岩。以裂缝和次生溶孔、晶间孔为主的双重介质的低容量、低—中渗透性的储集层多分布于主断裂上盘、前缘断块以及主断裂下盘的基岩中。该类储集层的探明储量约占油田探明储量的 18.7%；埋藏深度各断阶带不同，一般为 400~3000m；在剖面中储集层多分布在不整合面以下 50~300m，300m 以下多为零星储集层或油气显示。

（2）上二叠统乌尔禾组下亚组（P_2ur_1）。

该亚组为巨厚冲积—洪积扇致密砾岩（扇体分水上和水下两部分），以微裂缝、次生溶孔、晶间孔为主的低容量、特低渗透性储集层，主要分布在主断裂下盘的八区，埋藏深度为 2800~3000m。

（3）上二叠统乌尔禾组上亚组（P_2ur_2）。

该亚组为中厚层状砾岩与泥岩互层，以粒间溶孔、晶间孔为主的低容量、低渗透性储集层主要分布在主断裂下盘的五区，埋藏深度为2200~2800m。

（4）中三叠统克拉玛依组下亚组（T_2k_1）。

该亚组以洪积扇砾岩夹泥岩为主，其次为山麓河流相砂砾岩和泥岩交互层、滨湖三角洲相细砂岩和泥岩互层；以粒间孔为主的中等容量、中低渗透性储集层是油田的主要储集层，遍布全油田，埋藏深度为300~2200m；剖面上可分为两个砂层组。

（5）中三叠统克拉玛依组上亚组（T_2k_2）。

该亚组为山麓河流相砂砾岩与泥岩交互层，以粒间孔为主的中等容量、中等渗透性储集层是油田的另一主要储集层，遍布全油田；埋藏深度为150~2000m；剖面上可划分为五个砂层组和十个砂层。

（6）上三叠统白碱滩组（T_3b）。

该组岩性为分流平原相的灰色中—细砂岩与灰绿色泥质粉砂岩、灰黑色泥岩交互层。以粒间孔、粒间溶孔为主的中等容量、低渗透性储集层是油田的次要储集层，分布在七中区、七东区和八区。埋深为900~1900m，剖面上可划分为三个砂层组，即Bj_1、Bj_2、Bj_3，其中Bj_1是主要储集层。

（7）下侏罗统八道湾组（J_1b）。

该组岩性为辫状河流相砂砾岩与河沼相泥岩、煤层交互层，以粒间孔为主的中等容量、中高渗透性储集层主要分布在主断裂下盘的七区、八区和五区东部；埋藏深度为850~1800m，剖面上可划分为五个砂层组。

（8）上侏罗统齐古组（J_3q）。

该组岩性为河流相中—细砂岩与泥岩互层，以粒间孔为主的大容量、高渗透性稠油储集层主要分布在主断裂上盘的六区、九区地层超覆尖灭带上；埋藏深度为150~350m；剖面上可划分三个砂层组，即G_1、G_2、G_3，G_2砂层组为主要储集层。

2）储集层沉积相特征

（1）冲积—洪积相砂砾岩储集层特征。

作为油田主要储集层的冲积—洪积相砂砾岩具有下列明显的特征。

①储集层平面展布明显受控于沉积环境：克下组（T_2k_1）洪积扇砂砾岩平面呈扇形展布，扇体由源区向盆地内可分为扇顶、扇中和扇缘3个亚相带，每个亚相带又可细分出2~4个微相。扇体侧向毗邻叠加形成洪积裙，使储集层叠合连片分布。克拉玛依油田自东向西大体上可划分出5个扇体：六—七—八区扇、三$_2$—四—七西区扇、三$_3$—三$_5$区扇、二中—五$_1$区扇、四$_2$区扇。

克上组（T_2k_2）和八道湾组（J_1b）山麓河流相和辫状河流相砂砾岩储集层，多沿河流主流线呈条带状分布，山麓河流相砂砾岩体规模较小，明显地呈条带状，而辫状河流相砂砾岩体规模大，主流线呈披麻状分布，砂砾岩侧向叠加，形成具有方向性的连片砂砾岩体。

②储集层岩性变化大，粒度组成复杂：储集层岩性以砾岩为主，一般可占沉积厚度的50%~80%，扇积或河床沉积往往可达100%，单层厚度大，层数多；而扇缘粒度明显变细，砾岩所占比例减少，一般在30%以下，单层厚度薄且层数少。洪积相砂砾岩，为砾、砂、泥混杂，分选差，分选系数3~8，泥质含量可达10%~18%；单个砂砾岩体在空间展布并不大，但往往纵向错落叠置构成复合砂砾岩体，使泥岩隔层失去稳定性。

③储集层物性变化大，多为中等孔隙和中低渗透性：在埋藏较浅的主断裂上盘，砾岩孔隙度为17.5%~24%，平均为20.02%；在埋藏深的主断裂下盘孔隙度明显降低，为10.7%~23%，平均为15.6%；即使是在同一岩性段中孔隙度可相差4.4%~8.9%。砾岩渗透率的变化更剧烈，它与孔隙度没有明显的关系，一般渗透率在$100 \times 10^{-3} \mu m^2$以下，同一砂砾岩体渗透率级差可达数十倍，在剖面上渗透率多呈复合韵律变化，一般在砂砾岩单层的中、上部渗透率最好，渗透率分布为$r\sqrt{X}$型，渗透率变异系数一般大于0.8。冲积—洪积相砂砾岩还有一种特殊的结构，即为没有胶结物充填的支撑砾岩，

砾径为 3~10cm，砾石互相支撑堆积于沉积层中，这是洪积相沉积中的筛滤结构，是在成岩过程中未被充填的残留部分。在剖面结构中所占比例不大，一般厚度为 30~50cm，但渗透率很高，对注水开发有较大的影响。

④储集层孔隙结构复杂，形成"复模态"结构：在不同粒径砾石支撑的孔隙中，充填了各种粒级的砂，砂粒间又被胶结物和其他微粒充填，这种结构称为"复模态"，其特点如下。

孔隙类型多种多样：原生孔隙有粒间孔、界面孔、粒内孔和杂基孔，次生孔隙有溶模孔、晶间孔和交代孔，微裂缝有构造缝和解理缝，但以粒间为主。

孔大喉小连通性能差：一般孔隙直径为 10~200μm，而喉道半径只有 0.1~2μm，孔喉比高达 30~150，孔喉配位数一般为 2~3。

孔隙大小分布极不均匀：从压汞毛管压力曲线正态概率图上可见，孔喉累积频率分布曲线一般呈多段式，孔喉分布频率直方图上呈双峰、三峰或平峰，峰态值在 1.0 以下，分选系数为 3.7~4.4。

（2）河流相砂岩储集层特征。

分布在超覆尖灭带的上侏罗统齐古组（J_3q）浅层稠油储集层，属典型的河流相沉积。由于时代较新，埋藏浅，与下伏稀油储集层有显著的差别。

①剖面上为正旋回结构的辫状河流相沉积特征：上侏罗统齐古组（J_3q）超覆沉积在中下侏罗统或中上三叠统之上，个别地区超覆在石炭系之上。目前已发现的该组储集层主要分布在克拉玛依油田的六区、九区。在区内为一套辫状河流相沉积，剖面上由 3 个正旋回组成，总沉积厚度平均为 114m。按旋回自上而下划分为 3 个砂层组，命名为 G_1、G_2、G_3。G_1 为河流晚期沉积，以漫滩的泥岩、砂质泥岩为主，在区内遭受剥蚀严重，多被上覆下白垩统吐谷鲁组（K_1t）超覆沉积，残留不全，平均残留厚度为 17.4m，在区内为非储集层。G_2 为辫状河流的发育时期，沉积厚度平均为 71.5m，是一套完整的正旋回结构，自上而下可划分为 2 个砂层（G_2^1、G_2^2）：中下部（G_2^2）47.8m 为辫状河床和心滩沉积，底部一般可见 3~5m 的砾状砂岩和砂质砾岩，向上渐变为中—细砂岩，斜层理、交错层理发育，是区内主储集层；上部（G_2^1）则以

漫滩泥岩、泥质粉砂岩为主，偶夹细粉砂岩薄层，沉积厚度平均为 23.7m，水平层理发育，是区内的次要储集层。G_3 为河流早期沉积，沉积厚度变化大，为 17~52m，岩性偏细且变化大，以漫滩泥岩、泥质砂岩为主，多见水平层理，局部地区为河床砂砾岩和中—细砂岩，多呈条带状分布，平均沉积厚度为 25.4m，为区内次要储集层。

②储集层具有胶结疏松、物性好的特征：经 153 块样品分析砂岩渗透率为 100×10^{-3}~$10000 \times 10^{-3} \mu m^2$，全区平均为 $2000 \times 10^{-3} \mu m^2$。渗透率的分布属 $r(X^2)$ 型，平面上的变化明显与沉积相带有关，而剖面上的分布多呈低—高—低的复合韵律型，少数为低—高的反韵律型。

③以原生的粒间孔隙结构为主。

④储集层存在严重的非均质性：齐古组砂岩储集层具有复杂的油层组合形态。由于沉积环境变化，在砂层中常夹有泥质条带和不含油的致密砂层。因此，油层系数（油层有效厚度与相应的砂砾岩沉积厚度之比）一般较小，为 0.3~0.75；单油层层数可达 6~7 层，一般均在 3 层以上。不同砂体的渗透率差异大，平面上渗透率级差可达 5~12 倍，纵向上可达 87 倍，非均质系数达 0.29~0.67。对比主要储集层中的各砂层，以 G_2^{2-1} 非均质性最严重，G_3 次之，G_2^{2-2} 相对较好。

3）石炭系—二叠系储层特征

从目前的资料看，克拉玛依油田石炭系—二叠系储集层可分为两种类型。

（1）以八区上二叠统乌尔禾组下亚组（P_2ur_1）为代表的巨厚致密砾岩储集层。上二叠统乌尔禾组下亚组（P_2ur_1）巨厚致密砾岩，主要分布在克—乌下盘掩伏带，目前发现的油藏只见于八区。这是一套冲积—洪积相的巨厚砾岩，沉积厚度 111~815m；岩性为砂质不等粒砾岩，几乎没有泥岩夹层；砾岩的粒度区间很宽，颗粒大小混杂，分选极差，但可见粒度递变层理；颗粒成熟度低，砾岩成岩后生作用严重，主要表现在成岩压实严重，颗粒表面绿泥石化、火山喷发物的脱玻化、硅化，形成了一定的晶间孔；在淋滤及压溶作用下形成部分颗粒的粒内溶孔、粒间溶孔及压溶缝等，使之几乎全失去了原生孔隙，产生了一套次生孔隙体系。根据岩心分析统计，原生的粒间孔只占 9%，孔径为 60mm；溶蚀孔占 49%，孔径为 70~200mm；晶间孔占 20%，孔径一般为 14mm；交代孔占 13%，孔径一般小于 24mm。另外，根据铸体薄片观察，砾岩孔隙结构有孔大喉小的特征，喉道半径平均值仅为 0.06mm，且分选较差，孔喉配位数为 2~3，而孔喉比为 317。从岩心观察中发现两期裂缝，一期为倾角小于 30° 的低角度裂缝，形成较早，多为方解石充填；另一期为 60°~80° 的高倾角裂缝，未充填，缝宽为 0.3~1.1mm。裂缝多见于储集层的中下部。

砾岩孔隙度变化在 5%~13% 之间，平均为 9%；空气渗透率均小于 $1 \times 10^{-3} \mu m^2$。

这类储集层除见于八区之外，还见于五区和七区下二叠统佳木河组（$P_1 j$）的中上部砂砾岩等。

（2）以一区石炭系（C）为代表的火山岩储集层。

克拉玛依油田沿主断裂上下盘分布着火山岩储集层。该类型规模最大的是一区推覆体核部的石炭系玄武岩储集层，其次为七中区下二叠统佳木河组（$P_1 j$）下部安山—玄武岩储集层、六中区石炭系安山岩储集层、九区石炭系安山岩储集层、五区下二叠统佳木河组（$P_1 j$）安山—玄武岩储集层、八区下二叠统佳木河组流纹岩储集层等。

一区石炭系玄武岩储集层，分布面积约 30km^2，埋藏深度一般为 800~1100m。钻井揭露厚度 300~1100m（未见底），属于基岩块状储集层。根据岩心观察统计，玄武岩喷发系数（火山角砾岩岩体厚度 / 火山熔岩岩体厚度）为 18%~22%，属裂隙中心式喷发。根据现代火山喷发的实地观察，火山岩相可划分为：爆发相—火山角砾岩相、溢出相—火山熔岩相、过渡相—火山角砾熔岩相、漂散相—凝灰岩相。一区玄武岩储集层亦大体可划分为：爆发相—玄武质角砾岩相，分布在一区中部偏北，紧靠北黑油山断裂；溢出相—玄武质熔岩，分布在玄武质角砾岩带外围，占据了一区的大部分面积；漂散相—玄武质凝灰岩相，分布在一区的边缘地带，有向二区增多的趋势；过渡相在一区很难划分成带，只在剖面上见有玄武熔岩与玄武质角砾岩的混合带。

一区石炭系玄武岩储集层，在三叠系沉积之前长期暴露地表，遭受强烈的风化剥蚀，因此，火山岩体发生了一系列变化。

①风化壳的分带性：据野外露头和岩心观察，一区石炭系风化壳自上而下大体可分为四带：一是风化带，厚 0.5~14m，是形成基岩油藏的良好盖层。二是崩解带，位于风化带之下，厚约 200m，其厚度的变化，随古地貌高低而变化，古地貌高则崩解带厚，反之则薄，这为油气向高部位聚集提供了良好的储集空间。三是淋滤带，位于崩解带之下，厚 200~300m，在地层水作用下，使玄武质熔岩遭受不同程度的淋滤蚀变，微裂缝和次生孔隙发育，形成了一定的储集空间。四是滞流带，位于淋滤带之下，距风化带500~600m 以下，由于长期地层水的沉淀作用，使早期形成的构造缝、火山岩原生缝、洞等均已充填，导致储集性能极差。

②玄武岩体蚀变：其蚀变形成了自生矿物毓绿泥石、绿泥石—沸石、绿泥石—蛋白石、绿泥石—方解石、沸石—方解石、沸石—蛋白石、沸石、石英—蛋白石、方解石等。

③裂缝发育且分期性显著：根据荧光薄片资料统计，大致可将裂缝的形成划分为三个时期：一期裂缝主要发育在块状玄武岩段和凝灰岩段，裂缝密度为 38 条 /100cm²，发光缝占 40% 左右；二期裂缝主要发育在蚀变玄武岩段，裂缝密度为 40 条 /100cm²，发光缝大于 70%；三期裂缝主要发育在火山角砾岩段，裂缝密度为 80 条 /100cm²，发光缝达 100%。三期裂缝的发光率不同与其充填的自生矿物有关，早期缝多充填早期析出矿物，如绿泥石、蛋白石，不易被水溶解，溶蚀孔、缝不发育，发光率低。二期、三期缝多充填中晚期析出矿物，如沸石、方解石类，易溶于水，溶蚀孔缝发育，发光率高。

据岩心观察统计，一区石炭系玄武岩储集层的裂缝产状及发育程度如下。

低角度（< 45°）裂缝：频率为 37%，缝宽一般小于 8mm。

中角度（45°~60°）裂缝：频率为 1%~35%，缝宽一般小于 1~3mm。

高角度地（60°~80°）裂缝：频率为30%，缝宽一般大于5mm。

岩心分析的基底孔隙度平均为7.2%，空气渗透率为$1.2 \times 10^{-3} \mu m^2$，测井综合解释的裂缝孔隙度为0.8%，利用复压资料计算求得有效渗透率为$5.4 \times 10^{-3} \mu m^2$。根据生产动态分析可知，主裂缝方向与北黑油山断裂方向近于平行。

一区玄武岩储集层孔隙结构特征可分为如下四种类型。

①玄武质岩熔角砾岩：为油缝型储集层，孔隙度大于20%，渗透率大于$40 \times 10^{-3} \mu m^2$。根据霍布森公式计算的非润湿相饱和度为79.6%，退汞率较高，达57%。为大孔、中喉道组合。

②角砾状玄武熔岩：深蚀孔、晶间孔交互分布，压汞毛管压力直方图为无峰曲线，连通喉道为微裂缝，孔隙度、渗透率极低，非润湿相饱和度为65%，退汞效率中等，为36.8%，为大中孔、小喉道组合。

③蚀变玄武岩：玄武岩蚀变后生成次生矿物沸石、绿泥石等，而产生晶间孔、溶蚀缝、洞；但孔隙度低，渗透率高，非润湿相饱和度为48.6%，退汞效率中等，渗流好而孔隙储集性能差。

④致密块状玄武岩：该类火山岩的蚀变程度较差，大部分由玻璃质组成。孔隙度很小，如无裂缝发育，则无储集渗流能力，如有裂缝发育，则为纯裂缝性储集层。

由上述可见，火山岩的储集性能与其岩性、岩相及其风化模式密切相关。火山岩储集层远较沉积岩储集层复杂。在复杂的火山岩岩性、岩相控制下，经风化蚀变，形成了以次生孔隙为主的储集空间，裂缝和微裂缝是油气渗流的主要通道，这就是非均质程度很高的小容量、低—中渗透性的多重介质系统的火山岩储集层。

3. 油气藏类型及流体性质

克拉玛依油田是多种油藏类型叠合的油田。总体来看，主要的油藏类型为：与断裂遮挡有关的单斜—岩性油藏、地层超覆尖灭油藏、基岩油藏。三叠系—侏罗系油藏的主要类型是单斜—岩性油藏，稠油油藏的主要类型为地层超覆尖灭油藏，石炭系—二叠系油藏为基岩油藏。根据已投入开发的 49 个层块，其油藏性质可分为 5 类。

克拉玛依油田地面海拔平均为 300m，油层中部深度为 150~2900m，油藏中部海拔为 150~2600m，油藏的原始地层压力为 1.8~34.85MPa，压力系数为 1.02~1.71，不同的断块、不同的层系，都有自己独立的压力系统。地层压力随埋藏深度增加而增高，而压力系数的变化却没有规律。

油藏的压力为 1.8~29.6MPa。在克—乌断裂上盘各层块，油藏的原始地层压力与饱和压力基本接近，属饱和油藏。而克—乌断裂下盘各层块，原始地层压力均高于饱和压力，油藏的饱和度一般为 80% 左右，属高饱和度油藏。油藏温度随埋藏深度而变化，为 17~72℃。

克拉玛依油田天然驱动类型以溶解气驱为主，弹性驱动为辅，且仅见于克—乌断裂下盘各油藏，弹性能量有限。在少数层块构造低部位见有边水，但很不活跃，无明显的油气界面。

克拉玛依油田地面原油性质的变化趋势与油藏埋深密切有关。在主断裂上盘的高断块，油藏埋藏浅，地面原油相对密度高，为 0.86~0.92；黏度大，20℃时为 50~4200mPa·s；凝固点低，为 -45~-20℃；含蜡量低，低至 5%；多属低凝油。而地层原油饱和程度高，均为 90%~100%，地饱压差趋近于零，原始溶气量较低，为 5~50m³/t；原油相对密度较高，为 0.8~0.86；黏度较高。溶解气相对密度 0.62~0.75，甲烷含量达 70%~80%。主断裂下盘，油藏埋藏深，地面原油相对密度低，为 0.79~0.85；黏度小，20℃时为 20~100mPa·s；凝固点高，为 -10~15℃；含蜡量高，为 3%~7%，为普通原油。而地层油饱和程度较低，为 80% 左右；地饱压差为 2MPa 左右；原始溶气量较高，为 50~150m³/t；原油相对密度较低，为 0.67~0.8；溶解气相对密度较高，为 0.7~0.82；甲烷含量为 80% 以上。

地层水在油田上不活跃，只见于分割的断块区构造低部位。水型以 $NaHCO_3$ 型为主，$CaCl_2$ 型次之。三叠系及其以上地层的水矿化度为 6~7.2g/L，三叠系以下地层的水矿化度为 7~49g/L。

4. 油气成藏主控因素分析

克拉玛依油田成藏控制因素中，构造条件为主控因素。

（1）油源丰富，油田近邻玛纳斯富油气坳陷，二叠系、三叠系、侏罗系烃源岩均可生油，石炭系烃源岩可能生油，这是最基本的条件。

（2）断裂构造发育，存在多个不整合面，为油气运移、储集创造了条件。

（3）构造圈闭发育，圈闭类型多种多样，其中与断裂有关的圈闭尤为发育。

（4）储集条件优越。该油田储集层系有石炭系—二叠系、三叠系、侏罗系砂岩、砾岩储层，还有石炭系火山岩储层等多层系、多类型储集体。

（5）构造形成期与烃源岩生、排、运聚期匹配，大约在侏罗纪处在生烃、排烃高峰期时适遇大批构造圈闭定型，后又历经多次构造运动、多次不整合面发育以及出现多次地层趋覆，形成了地层、岩性圈闭，为油气聚集创造了必要的条件。

（6）克拉玛依油田分布在西北缘克—乌冲断带上，该构造带是准噶尔弧西翼构造部分，以断裂为主，具左行扭动特点，为压扭性构造，断裂分支较多，形成人字形、雁列形、小型帚状以及反 S 形等多种利于油气聚集的构造型式，为油气富集创造有利条件。

（二）陆南凸起上石西油田

1. 油田概况

1993 年石西 1 井试获工业油气流，由此发现了石炭系火山岩油田。石西油田位于准噶尔盆地腹部古尔班通古特沙漠之中，处于盆地腹部陆梁隆起南部的陆南凸起上。该油田产层有石炭系火山岩和下二叠统佳木河组火山岩。三条相向的逆断裂将石炭系火山岩岩体切割为不规则的三角形古潜山构造。石炭系火山岩储集层基质孔隙度和有效渗透率分别为 13% 和 $0.148 \times 10^{-3} \mu m^2$，裂缝以中等宽度、高角度构造缝为主，风化缝较发育，具有明显的各向异性。裂缝孔隙度、有效渗透率分别为 0.5% 和 $17.84 \times 10^{-3} \mu m^2$，裂缝主要呈近东西向分布，由于裂缝的产状不尽相同，造成裂缝纵向上连通，在油水界面以上无稳定的隔层遮挡，油层呈一块状整体，底水的活跃程度则受储集层物性的影响。油藏流体中间组分（$C_2 \sim C_6$）物质的量百分含量为16.09%~25.98%，具有挥发油的特征；流体中C_{7+}的物质的量百分含量一般为14.96%~22.41%，属中弱挥发性油藏。油藏中部深度为4385.7m，原始地层压力为65.21MPa，饱和压力为32.4MPa，压力系数为1.49，地层油黏度为0.9mPa·s，体积系数为1.827，溶解气油比为329m³/t，属深层、低渗透、裂缝性并带有底水的挥发性火山岩油藏。

石西油田下二叠统佳木河组火山岩油藏属于复合型的基岩油藏，油气分布受基岩风化壳、不整合面、断层、岩性、物性等多种因素控制。

目前，已在两口井的佳木河组火山岩储集层中共试油8层，获得高产油气流5层，出油段地层电阻率为10~1200Ω·m，基底孔隙度为4%~17%，火山岩储集层的岩矿变化大，孔隙类型复杂。

2. 油田构造

石西油田东区主要由石西1井断块和石西2井断块组成。石炭系构造为被断裂复杂化的古潜山，其高点在SH1025井至石西1井一带。潜山顶面南北两翼倾斜陡峭，由东往西变化幅度减少（图6-5）。

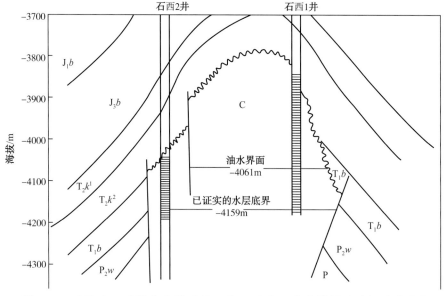

图6-5　石西油田石炭系油藏石西2井—石西1井油藏剖面（据关密生）

构造被压性断裂切割成三角形，断裂夹持的构造主体部位最大面积 125km^2，构造内发育若干小断裂，延伸 2~5km，其对油气不起分隔作用。

3. 储集层

该油气田储层类型有孔隙型和裂隙型两种。

1）孔隙型储集层

该区火山岩主要为中—基性喷发岩，主要矿物是斜长石，其次是石英，铁矿物含量少，岩石有轻微的绿泥石化。储层平均孔隙度 13.2%，平均渗透率 $0.36 \times 10^{-3} \mu m^2$，为低渗透储层。

2）裂隙型储集层

石西石炭系油藏构造裂缝发育，且以高角度缝和垂直缝最为发育，裂缝倾角主要为 60°~80°，低角度缝极少。这些裂缝的性质均属张性裂缝，以中等缝宽（0.01~0.1mm）为主。潜山顶部风化缝最发育，该处井的产能也较高。高角度裂缝的发育为重力汇油提供了有利条件。研究发现，石西油藏火山岩岩石润湿性表现为亲水特征，基质孔隙束缚水饱和度达 32%，在此条件下油的相对渗透率和垂向渗透率成为决定气油界面上流动油量大小的关键因素。重力驱（泄）油要在尽可能短的时间内获得较高的采收率，一般还要求油相具有较高的流度。

综合石西油田佳木河组火山岩油藏储集层的岩性、基质孔隙度、裂缝特征，将该油藏储集层类型重新分为三种。

（1）埋深 4270~4344m、4374~4410m 主要为裂缝型储集层，基质孔隙度平均为 4.02%，裂缝孔隙度为 0.025%，基质渗透率较低，其值为 $0.1 \times 10^{-3} \mu m^2$。

（2）埋深 4430~4444m 为裂缝—孔隙型储集层，基质孔隙度平均为 7.5%，裂缝孔隙度为 0.025%~0.7%，基质渗透率为 $0.74 \times 10^{-3} \mu m^2$。

（3）埋深 4451~4490m 主要为裂隙型储集层，平均基质孔隙度 16%。

以上三种类型的储集层经试油均获得高产工业油气流。

4. 勘探开发简况

该油藏于 1995 年 8 月投入开发，采用反九点法井网，在 800m 井距基础上直井、水平井联合加密开采。目前出现了大部分油井含水上升、采油指数下降等问题。因此必须加强现场跟踪研究，为高效开发该油藏提供理论依据。

石西油田原油性质见表 6-1。

表 6-1　石西油田石炭系油藏地面原油性质

密度 / (g/cm³)	黏度 /mPa·s				凝固点 /℃	含蜡 /%	含硫 /%	酸值 / (mg/g)	初馏点 /℃	300℃时馏分 /%
	20℃	30℃	40℃	50℃						
0.809	4.63	3.75	3.11	2.57	8.29	0.0008	0.1	95	56.93	0.09

在较好历史拟合的基础上，分别针对天然能量、采油速度、二次采油方式进行开发指标预测和参数敏感性分析。

模拟区控制面积 6.3km²，包括 17 口油井。其中，12 口直井，5 口水平井。结合与储量有关的地质参数拟合储量，模拟计算的原油储量与容积法估算的原油储量分别为 1406.8×10⁴t 和 1439.3×10⁴t，模拟计算的裂缝和基质储量分别占储量的 10.5% 和 89.5%。

再通过调整裂缝渗透率和裂缝传导系数及其他相关地质参数，分别对单井地层压力、含水率、气油比、井底流压进行历史拟合，以取得符合油藏实际的优化地质模型，提高动态预测的准确性与可信度。

石西油田石炭系油藏属异常高压油藏，且地饱压差较大，为了评价其天然能量，分别针对弹性能量、溶解气驱能量和天然能量开发进行了指标预测。模拟结果表明，弹性能量较高，其采收率为 13.66%，可在较长时间内充分利用弹性能量开采；溶解气驱能量较小，其采收率只有 3.07%；而天然能量采收率为 15.14%。地层压力下降至 50.07MPa，扣除弹性能量采收率，则底水能量对采收率的贡献为 8.7%，说明对于底水能量较充足的裂缝性非均质油藏，底水很快上升，产生水锥，油井一旦见水，就会抑制原油生产，使天然能量对采收率的贡献不能充分发挥。

（三）东西向断裂夹持的滴西气田

滴西气田位于准噶尔盆地陆梁隆起的滴南凸起上，夹持在滴水泉南北断裂之间，呈近东西向展布，向东与克拉美丽山相接，向西延伸与莫北凸起相接，北部与滴北凸起相连，南部紧挨东道海子凹陷和五彩湾凹陷（图6-6）。近年来随着天然气勘探力度的加大，在滴南凸起深部石炭系火山岩体中发现了滴西气田，且多口井获高产气流，逐渐形成了滴南凸起气田连片分布的局面。由于该区勘探程度较低，对火山岩体的储层特征以及成藏控制因素方面研究较少，制约了后期勘探的深入。本书通过对滴南凸起石炭系火山岩储层的分析，进而探讨气藏的主控因素，为下一步的勘探提供基础资料。

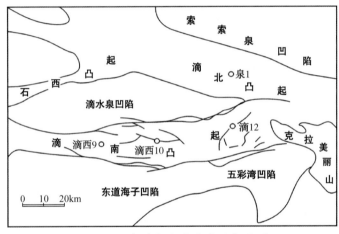

图6-6 准噶尔盆地滴南凸起位置

1. 地质概况

从准噶尔盆地的形成及演化来看，该区主要经历了海西、印支、燕山及喜山四期构造运动。由于各期构造运动在区内表现形式及强弱的不同，造成了地层的分布及构造特征存在一定的差异。通过该区内钻井资料以及东侧克拉美丽山地层的出露情况来看，区内发育的最古老地层为泥盆系，向上还发育石炭系塔木岗组（C_1t）、滴水泉组（C_1d）以及巴山组（C_2b），其中滴水泉组野外出露厚度达800m的暗色泥岩、粉砂质泥岩是石炭系气藏的主要烃源岩层，而石炭系的主要盖层为中二叠统乌尔禾组，形成了以滴水泉组为烃源岩层，火山岩风化壳及火山内幕为储集层，乌尔禾组砂泥岩为盖层的良好生储盖组合。

2. 石炭系火山岩储层特征

1）岩性特征

对滴南凸起钻遇石炭系火山岩井的岩心观察认为，该区发育的火山岩岩性多样，既有基性喷出岩也有酸性侵入岩和喷出岩。基性喷出玄武岩主要发育在滴南凸起的西北部，中部发育酸性流纹岩、安山岩以及花岗侵入岩，东部则表现为以发育远火山口相的凝灰岩、层凝灰岩为主。镜下薄片观察玄武岩主要由大小不等的板柱状基性斜长石组成，长石表面具钠化和泥化，已蚀变的半自形粒状辉石及玻璃质脱玻析出的铁质和次生帘石分布于长石格架间。岩石中杏仁发育，含量为 12%~25%，外形极不规则，被绿泥石、浊沸石、硅质和方解石充填。花岗斑岩岩石中斑晶成分为碱性斜长石，表面具有较强的泥化和不均匀的绿泥石化，且局部具溶蚀现象。基质中石英、长石呈显微文象状交生，长石间角闪石多数已蚀变为绿泥石。岩石中发育了约 1%的长石晶间孔，并具溶蚀扩大现象，可见少量裂缝，部分已被绿泥石充填、半充填，后期局部被方解石交代。安山岩表现为杏仁状孔隙特征，杏仁体大小为 0.2~2mm，少数达 7mm，岩石的主要成分为斜长石，含量为 35%~75%，斜长石斑晶较少，粒径为 0.5mm，基质具玻基交织结构；个别安山岩薄片中碳酸盐岩含量可达 40% 以上，多数充填玉髓及细小黏土类矿物、石英、碳酸盐、绿泥石等，与褐色铁质形成环带。凝灰岩则主要由岩屑、晶屑及火山灰尘组成。岩屑主要由安山岩组成，晶屑主要为长石，而火山灰尘表现为脱玻，具不均匀的水云母化、浊沸石化。从岩石的组分来看，该区火山岩普遍发育次生矿物以及溶蚀交代作用，表明淋滤作用的流体与岩石发生交换作用（曹剑，2005），这也是孔隙形成的主要原因之一。

2）储集空间类型

滴南凸起发育的岩石类型有熔岩类和火山角砾岩。熔岩类是该区广泛发育的岩石类型，以安山岩、玄武岩为主，其次为流纹岩，岩心上表现为微气孔发育，具杏棱状，可见裂缝。火山角砾岩的储集空间为角砾间孔、孔隙组合，孔缝中充填有自生石英脉和方解石脉以及铁泥质物。

该区火山岩有利储层主要发育在距石炭系顶面风化壳200m层段内。随着距离火山岩顶面的深度加深，火山岩的孔隙度逐渐降低（图6-7）。由于受风化淋滤的作用，顶部火山岩普遍表现出灰褐色破碎状，岩石溶蚀孔发育，部分井段可见溶蚀洞。通过岩心的详细观察结合该区成像测井手段分析认为，火山岩发育的空间类型有角砾间孔、裂缝、原生气孔、次生溶蚀孔洞以及孔—缝组合。镜下铸体薄片观察，火山岩发育的孔隙类型有晶间孔、杏仁孔、基质溶蚀孔以及晶内溶蚀孔。孔渗分析显示，微裂缝发育的孔缝组合岩石的渗透率比面孔率相近的单纯发育溶蚀孔的岩样高许多。

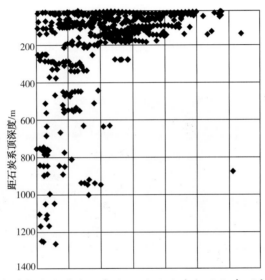

图6-7　准噶尔盆地滴南凸起火山岩孔隙度与风化壳顶部距离关系

该区总体表现出储层岩性多样化。气藏储层在花岗岩、凝灰岩、流纹岩、玄武岩以及安山岩中均有发育且表现出较好的储集性能。以滴西18井为代表的花岗岩储层发育的孔隙类型为次生晶间孔及斑晶溶孔（表6-2、图6-7），岩心整体表现为破碎状、裂缝发育，与野外图孜阿克内沟露头花岗岩剖面形态特征相似，说明花岗岩中储集空间的形成主要受地层的抬升而遭受的风化、剥蚀影响，表现出侵入体长期暴露于地表，受风化和地表水的淋滤作用而成破碎状，岩石的可溶物质被流体溶解带走形成次生溶孔。后期地层沉降埋藏，有机酸沿表生阶段发育的溶孔继续溶蚀、扩大，从而使花岗岩发育的孔隙增大，储层物性得到了改善。部分孔隙周围的黑色填充物镜下具有荧光显示，说明了早期烃类的充注对后期孔隙的保存具有一定的作用，这一点从薄片中部分无荧光显示的孔隙被绿泥石以及方解石完全填充可以得到进一步的说明。滴西14井凝灰岩储层铸体薄片观察显示，孔隙的类型为角砾内溶蚀孔、基质溶蚀孔以及溶缝（图6-8）。孔隙的形成受交代溶蚀作用影响，表现为含火山角砾玻屑凝灰岩中的角砾被浊沸石交代，后期发生溶蚀；而基质具有较强的水云母化，水云母的进一步溶蚀形成了基质溶孔和溶蚀缝，这也是滴西14井凝灰岩储层储集空间形成的主要方式。滴南凸起流纹岩、安山岩主要发育在近火山口爆发相、溢流相中，受断层作用的影响，熔岩成挤压碎裂状，储集空间类型有角砾间孔及少量的原生气孔。玄武岩作为该区的主要岩石类型，孔隙发育以原生气孔为主，多数杏仁孔被绿泥石半充填，储集物性好。该区产气层位多数位于玄武岩储集体中，在微裂缝发育段，裂缝连通孔隙可形成高产气井。

 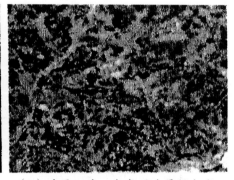

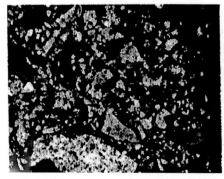 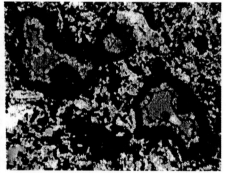

（a）滴西18井，花岗斑岩，晶间溶孔，3448.88m，×10　　（b）滴西14井，含角砾玻屑凝灰岩，基质内溶孔、缝，3602.49m，×10

（c）滴西10，流纹岩，碎裂带粒间孔，3028.29m，×10　　（d）滴西17井，杏仁孔玄武岩，绿泥石半充填杏仁孔，杏仁孔，3634.79m，×20

图6-8　准噶尔盆地滴南地区不同火山岩岩性、孔隙发育特征

表 6-2　准噶尔盆地滴南凸起不同岩性火山岩气藏发育的孔隙类型及成因

井　名	层位	井段 /m	岩　性	孔隙类型	成　因
滴西 18	C	3345~3580	斑状花岗岩	次生晶间溶孔、斑晶溶孔	表生淋滤作用
滴西 14	C	3652~3674	浊沸石化含火山角砾玻屑凝灰岩	次生溶孔、溶缝	交代溶蚀作用
滴西 10	C	3024~3048	流纹岩、流纹岩质角砾岩	次生半充填溶缝、碎裂缝	冷凝收缩挤压碎裂
		3070~3084	流纹岩	次生碎裂缝、半充填溶缝	挤压碎裂冷凝收缩
滴西 17	C	3634~3700	玄武岩	原生气孔	原生残余气孔

3）裂缝发育特征

滴南凸起石炭系火山岩产气层段普遍发育有裂缝，裂缝对改善火山岩的储集性能起到了十分重要的作用（匡立春，2007）。

本次通过 9 口井的成像测井资料，结合常规测井识别出了天然裂缝和诱导裂缝。其中诱导裂缝是后期钻、测井阶段形成，与储层的形成无关，在此不做分析。天然裂缝可分为高角度裂缝、低角度裂缝、开启裂缝和充填裂缝。结合试气成果发现，石炭系火山岩的产气层段裂缝都较发育，溶蚀孔洞也十分发育，且孔、缝相连（图 6-9）。通过对裂缝的定量计算，统计裂缝发育的角度及倾向分布规律，得出其主要发育走向。通过多口井的分析认为该区发育的裂缝以高角度缝为主（＞60°）占统计总条数的 65% 以上，裂缝走向为北东—南西向。如滴西 14 井［图 6-10（a）］在 3343~3995m 井段，识别出有效缝 53条，充填缝 5 条，以高角度缝为主，裂缝面孔率为 0.002%~0.380%，玫瑰图显示该井段裂缝走向为北东—南西向［图 6-10（b）］。滴南凸起裂缝总体发育情况与其近东西走向的区域大断裂相近，表明裂缝的发育受深大断裂的影响明显。由于裂缝的发育极大地改善了火山岩的储集性能，为气藏的形成创造了有利的储集空间和通道。海西—印支期挤压应力作用是造成滴南凸起断裂发育的主要因素，因此通过裂缝的预测寻找该时期石炭系火山岩体中裂缝相关的气藏对指导勘探具有重大的意义。

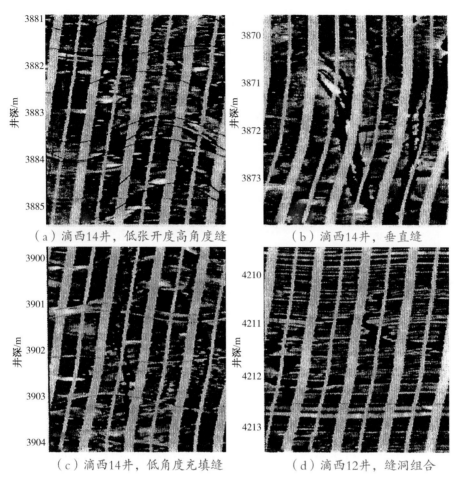

（a）滴西14井，低张开度高角度缝 （b）滴西14井，垂直缝

（c）滴西14井，低角度充填缝 （d）滴西12井，缝洞组合

图6-9 准噶尔盆地滴南凸起孔、缝成像测井特征

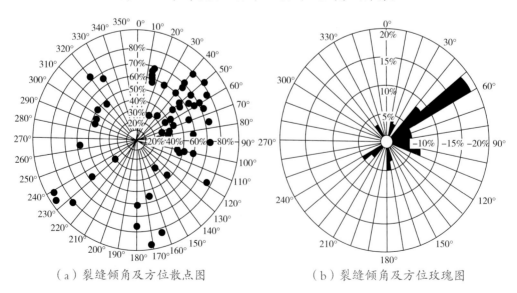

（a）裂缝倾角及方位散点图 （b）裂缝倾角及方位玫瑰图

图6-10 噶尔盆地滴西14井3343~3995m井段裂缝发育

3. 断层对气藏的控制作用

滴南凸起夹持在滴水泉凹陷和东道海子凹陷之间，受北部发育的滴水泉断层和南部的滴水泉南断层影响，整个凸起处于受断层复杂化的构造高部位，断层对气藏的控制作用表现在多个方面。

1）断层对储层的改善作用

滴南凸起断层对火山岩体的改造作用明显，表现为火山岩体的断块作用，形成了断块油气藏，且断块作用使致密的火山岩体破碎，从而形成有效的储集空间。滴西 10 井区高产井段，发育以流纹岩为主的溢流相火山岩，地震剖面上显示为断块状。岩心和成像测井都可以明显地看出火山岩的破碎状以及高度裂缝穿过破碎带。这种破碎是受断层的挤压运动造成的，使储层的储集能力大大提高，有利于油气的储集。

2）断层的油气运移通道作用

由于滴南凸起紧邻滴水泉凹陷和东道海子北凹陷，油气来源具有双源优势。石炭系滴水泉组烃源岩生成的油气通过滴南凸起两侧的深大断裂进入石炭系的圈闭中聚集成藏，同时也可以通过三叠系、侏罗系至白垩系的断裂，继续向上运移进入侏罗系和白垩系的圈闭中聚集成藏（图 6-11），断层起到了沟通烃源层与储层的作用。研究认为滴南凸起自身的烃源岩条件较差，单靠自身的生烃能力无法形成有效的气藏。滴南凸起石炭系滴水泉组（C_1d）、上二叠统吴家坪组（P_3w）、上三叠统白碱滩组（T_3b）、下侏罗统八道湾组（J_1b）、下侏罗统八道湾组（J_1b）、三工河组（J_1s）烃源岩热解分析结果显示，各生油岩层基本不具生烃能力。因此，如果没有有效的运移通道，油气无法从南、北两侧的生烃凹陷运移至滴南凸起而形成有效的气藏。

3）断层对气藏盖层的破坏作用

越来越多的油气工作者认识到盖层的发育是准噶尔盆地天然气保存的重要条件，并展开了大量的分析工作。滴南地区石炭系火山岩勘探失利原因分析认为，除了储层与气源因素以外，盖层的破坏是造成石炭系失利的主要原因。二叠纪晚期受海西运动作用，滴南凸起发生不均衡抬升，形成早、晚二叠世之间的局部不整合面，缺失大部分下二叠统风城组和佳木河组，形成直接覆盖于石炭系不整合面上的乌尔禾组区域性盖层。该套盖层在滴南凸起发育上百米厚的泥岩、粉细砂岩，具有良好的封堵能力。然而滴南凸起部分地区石炭系火山岩具有较好的储集空间却未发现气藏，而石炭系上部的二叠系、侏罗系和白垩系则已发现了许多有效的气藏。造成这种现象的主要原因是石炭系气藏盖层的破坏，使油气向上运移至上部地层聚集成藏，断层起到控制作用。地震资料显示，断层不仅沟通了部分烃源岩层，同时也继承性地向上延伸，断穿乌尔禾组盖层。喜山期掀斜运动，使油气发生再分配，聚集在深层石炭系的高成熟凝析油气向上运移进入侏罗系和白垩系储层，同时中二叠统高成熟气与先期形成的油气藏混合成藏。油气的地化资料分析认为，上部气藏的有机质部分来自石炭系滴水泉组，具有石炭系、二叠系混源的特征。这些都说明了断裂沟通深部地层使油气发生垂向运移。在部分井区石炭系火山岩储层中还发现了沥青，说明早期石炭系火山岩中存在油气藏，后期遭受破坏使油气发生了调整、运移。滴南凸起部分井区白垩系地层水以$CaCl_2$水型为主，与区域上$NaHCO_3$型地层水的水型不一致，也反映出了地层水与深部发生过交换作用，这个过程主要通过石炭系顶部的风化壳汇集油气，再以断层作为纵向运移通道向浅部有利部位成藏（图6-11）。

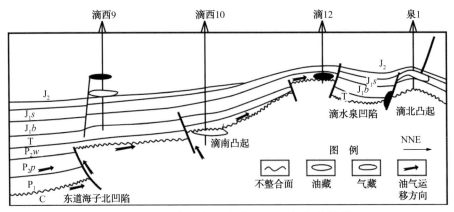

图6-11　准噶尔盆地滴南凸起油气成藏模式

4.结论与认识

（1）滴南凸起发育的火山岩岩石类型多样，不同岩性中发育的孔隙类型以及储集空间成因不同。储集层受风化壳的控制明显，整个区域表现出距风化壳越近孔隙越发育，岩石物性越好的特征。

（2）成像测井是识别火山岩结构和裂缝的有效手段。受区域大断裂的影响，滴南凸起火山岩岩体中裂缝发育近东西向，为寻找裂缝型火山岩油气藏提供了指导方向。

（3）气藏受断层的控制明显，主要表现为断层对火山岩储集体的改善作用，同时断层沟通了源岩层和储集层，为油气的运移提供了良好通道。断层也表现出对气藏盖层的破坏作用，这也是石炭系火山岩储集层无有效气藏的原因之一。

（四）克拉美丽气田

自 2005 年进行火山岩勘探以来取得了重大成果，2008 年发现中国第一个石炭系火山岩，千亿立方米级的大气田，即克拉美丽气田，它位于准噶尔盆地陆梁隆起东部（图 6-12），面积约为 2000km²。

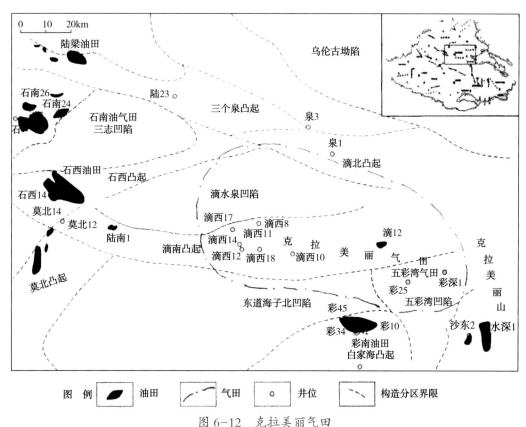

图 6-12　克拉美丽气田

该地区天然气勘探以石炭系火山岩为主，由于石炭系埋藏深，地震反射条件差，加之火山岩相变快，因此该地区的烃源岩分布与演化、火山岩储层展布以及油气成藏等诸多问题有待解决。

1. 烃源岩特征

克拉美丽气田烃源岩主要是石炭系烃源岩，下石炭统滴水泉组烃源岩主体厚度为100~400 m，上石炭统巴山组烃源岩主体厚度为50~200 m，烃源岩分布具有滴水泉—三南凹陷和五彩湾凹陷两个沉积中心，沿沉积中心呈北西向展布，自南向北凸起带烃源岩厚度逐渐减小。烃源岩类型主要为泥岩和凝灰岩，夹少量煤层，上、下石炭统泥质烃源岩 TOC 分别为1.06%和4.07%，凝灰质烃源岩 TOC 分别为1.01%和1.75%，巴山组烃源岩煤系和泥质有机质丰度高。

从烃源岩的类型来看，下石炭统滴水泉组为一套海陆过渡相沉积，干酪根碳同位素值为 –27.21‰~–21.98‰，表现出Ⅱ型腐泥型和Ⅲ型腐殖型有机质的特征。上石炭统巴山组为一套陆相沉积，烃源岩干酪根碳同位素值为 –25.96‰~–21.00‰，有机质类型主要以Ⅲ型腐殖型为主。

克拉美丽气田石炭系烃源岩现今成熟度具有两个中心，分别为滴南凸起西段和五彩湾凹陷，石炭系烃源岩处于高成熟阶段，R_o 为1.25%~1.83%，沿这两个中心，向南向北石炭系烃源岩的成熟度降低，R_o 值降低，南部东道海子北凹陷—白家海一带 R_o 值为0.84%~1.04%，处于成熟阶段，北部滴北凸起—三个泉凸起一带 R_o 值为0.60%，处于低成熟阶段。

石炭系烃源岩热演化存在明显的差异，通过区域地质分析和盆地模拟研究表明，五彩湾凹陷石炭系烃源岩在海西晚期进入成熟阶段（图6–13），滴南凸起西段石炭系烃源岩印支晚期进入成熟阶段，滴南凸起东段石炭系烃源岩在燕山中期进入成熟阶段。滴北地区石炭系烃源岩在燕山中期进入低成熟—成熟阶段，总体上燕山中期是决定石炭系烃源岩最终成熟程度的关键演化时期。

研究认为石炭系烃源岩具有三个生烃高峰期，分别为二叠纪、中侏罗世末及早白垩世末。五彩湾凹陷石炭系烃源岩有三个生烃高峰期，烃源岩最早成熟。滴南凸起西段石炭系烃源岩有中侏罗世末、早白垩世末两个生烃高峰期。

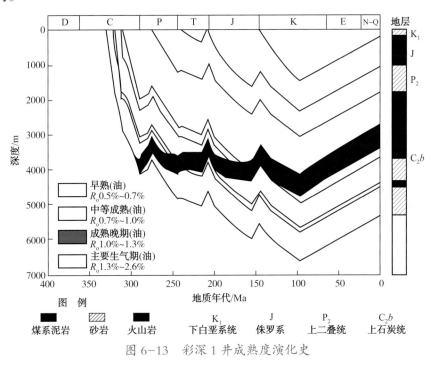

图 6-13　彩深 1 井成熟度演化史

2. 火山岩储集层特征

按成因可将火山岩储集层的储集空间分为原生孔隙（气孔、粒间孔、晶间孔）、次生孔隙（溶孔、溶洞）和裂缝（冷凝收缩缝、炸裂缝、构造拱张裂缝、剪切缝、风化裂缝）三大类。

风化剥蚀、溶蚀作用和构造应力对火山岩体的剥蚀与破坏作用互相叠加改善储层，即使火山岩被上覆地层覆盖，大量水或有机酸溶液也会沿断层或裂缝渗流到火山岩体中，发生深部溶蚀作用，产生溶蚀孔和溶蚀缝。火山岩储集层的气孔和溶蚀孔一般含油较多，而构造裂隙和风化裂隙主要起连通气孔、溶蚀孔及其他储集空间的作用，在油气运移中起输导作用，其本身也可成为储油空间，但储油规模较小，各类储集空间一般不单独存在，而是以某种组形式出现。

火山岩储集层的形成作用包括三种：火山作用、成岩作用、构造作用，依据其成因特征可以划分为熔岩型储集层、火山碎屑岩型储集层、溶蚀型储集层、裂缝型储集层四类，各种类型在产出部位、展布形态、孔隙类型和孔渗性特点等方面存在明显差异。同一地区火山岩储集层的储集性能主要受火山岩岩石类型和岩相的控制，不同岩石类型的火山岩储集层发育不同类型的储集系统。如准噶尔盆地五彩湾凹陷火山岩中，火山碎屑岩最高孔隙度为30.08%，平均9.4%；其次是安山岩，孔隙度为8.14%；凝灰岩孔隙度为7.92%；玄武岩的孔隙度最低，为5.89%。凝灰岩具最高的平均渗透率，为 $2.09 \times 10^{-3} \mu m^2$；其次是安山岩、火山角砾岩；玄武岩的渗透率最低，为 $0.89 \times 10^{-3} um^2$。

火山岩相是影响储集层的重要因素，不同岩相、亚相具有不同的孔隙类型，同岩相的不同亚相储集层物性可能差别很大，因为各相中亚相之间岩石结构和构造存在较大差别。岩石结构和构造控制着原生和次生孔、缝的组合和分布，火山岩储集层物性和储集空间类型、特征和变化主要受到火山岩亚相控制。火山通道相储集空间主要为孤立的气孔及火山碎屑间孔，火山爆发相以火山碎屑岩的产出为特征，爆发时的冲力将顶板及围岩破碎形成大量的裂缝、裂纹，同时形成火山角砾岩，火山角砾间孔及气孔发育。另外，由于火山爆发相一般都处于古侵蚀高地，容易遭受风化淋滤作用，因此溶蚀孔（洞）和溶蚀裂缝发育，能够形成有利储集区域。火山喷溢相形成于火山喷发的各个时期，熔岩原生气孔发育，次生孔隙主要表现为长石的溶蚀和玻璃质经过脱玻化形成长石、石英等矿物后，发生体积缩小产生的孔隙。据统计，喷溢相上部亚相是松辽盆地兴城和升平地区储集层物性最好的岩相带。侵出相中心带亚相储集空间主要为裂缝、溶孔、晶间孔等微孔隙，储集物性较好，是有利的储集相带。

3. 气藏盖层

克拉美丽气田油气成藏具有"平面上分区、纵向上分段"的特征。平面上分区主要表现为陆东—五彩湾地区不同区块成藏时序和最终成藏相态上的差异。纵向上存在两个成藏体系，即以二叠系乌尔禾组泥岩区域盖层为界，下部石炭系地层压力系数为1.15~1.50，为异常高压原生成藏体系，主要是石炭系烃源岩生成的油气在石炭系火山岩储层中的聚集；上部为正常压力系统，为常压次生成藏体系，主要是石炭系油气沿断裂向上发生调整和扩散后运移至侏罗系和白垩系储层中聚集成藏。石炭系烃源岩有早白垩世末一个生烃高峰，滴北凸起石炭系烃源岩有晚白垩世末—古近纪一个生烃高峰期，石炭系烃源岩成熟最晚。

4. 天然气组分特征

克拉美丽气田天然气以烃类气体占绝对优势，非烃气体含量较低。其中石炭系气藏天然气中甲烷含量为72.00%~92.32%，干燥系数为0.88~0.98，平均为0.92，天然气以湿气为主。天然气碳同位素较重，甲烷碳同位素值为 −30.68‰~−29.37‰，平均为 −29.87‰，具有较高的成熟度，$\delta^{13}C_2$ 值为‰ −27.73‰~−23.72‰，均值为 −26.40‰，具有腐殖型天然气特征。

五彩湾地区石炭系气藏天然气 $\delta^{13}C_2$ 值稍偏重，为 −25.11‰~−24.24‰，均值为 −24.79‰。滴南凸起西部地区石炭系气藏天然气 $\delta^{13}C_2$ 值为 −27.73‰~−26.1‰，均值为 −26.85‰，天然气 $\delta^{13}C_2$ 值的差异反映了成藏过程上的差异。五彩湾地区聚集石炭系烃源岩 R_o 为1.2%之后的产物，滴南凸起西部主要聚集石炭系烃源岩 R_o 为0.8%~1.0%之后的产物。

5. 成藏过程

克拉美丽气田油气成藏具有多期特征，不同地区油气成藏具有时序性。滴南凸起西段滴西17、滴西18气藏石炭系火山岩储层均发现两期烃类包裹体，早期包裹体均一温度主要为100℃左右，反映了印支期源自石炭系油气充注；晚期烃类包裹体以气态烃类包裹体为主，均一温度主要为140~150℃，代表了燕山中期天然气为主的烃类充注。

滴北凸起油气显示较少，该地区泉1井盐水包裹体均一温度为123.6~163.4℃，由于砂体样品中石英颗粒包裹体主要分布在石英颗粒内部，不是晚期次生加大边或裂隙中黏土矿物胶结物中的包裹体，因此不能反映油气充注时的地层温度。根据埋藏史和烃源岩热演化史分析，燕山中期沉积后下侏罗统的古地温为50~60℃，尚未出现由于成岩作用形成的包裹体，油气聚居时期主要自燕山中晚期开始。

五彩湾凹陷石炭系储层包裹体主要有三期：一期包裹体均一温度为70~78℃，反映海西晚期石炭系源岩生成的成熟阶段油气的聚集；二期包裹体均一温度为96.6~105.6℃，反映印支晚期石炭系烃源岩进入高成熟凝析油阶段；三期包裹体均一温度为133.9~139.6℃，代表了燕山中期石炭系烃源岩高成熟湿气的聚集期。

由于克拉美丽火山岩气田储层和烃源岩沉积的特点，油气聚集以近源运移为主。油气成藏经历了海西晚期、印支晚期和燕山中期的多期油气充注和成藏，具有"早期聚集、晚期保存"的天然气成藏过程，不同区块在成藏时间上存在明显的差异。

海西晚期，五彩湾凹陷石炭系烃源岩成熟并开始在五彩湾地区充注。印支晚期，五彩湾地区石炭系烃源岩进入成熟阶段的末期或高成熟阶段的初期，滴南凸起的西段进入成熟阶段，开始第一次充注，东段进入低成熟阶段。燕山中期，白垩纪地层的巨厚沉积决定了石炭系烃源岩的最终成熟度。五彩湾地区石炭系烃源岩进入高成熟湿气阶段，开始第三次充注；滴南凸起的西段进入高成熟凝析油—湿气阶段，开始第二次充注成藏，东段进入成熟阶段，开始第一次充注成藏；滴北凸起进入了低成熟阶段，开始第一次充注成藏（图6-14）。

总之，克拉美丽气田是中国第一个石炭系火山岩大气田，它的发现对今后古生界火山岩油气田的勘探具有十分重要的指导意义。

三、塔里木盆地

二叠系玄武岩及凝灰岩见良好油气显示。

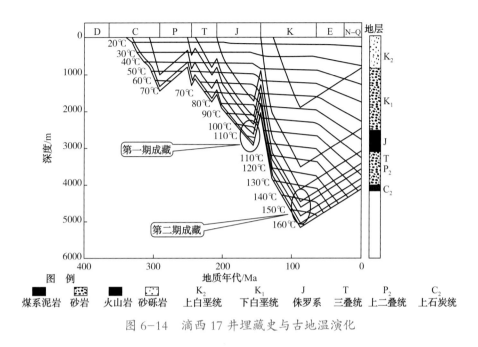

图例
煤系泥岩　砂岩　火山岩　砂砾岩　K₂　K₁　J　T　P₂　C₂
　　　　　　　　　　　　　　　　　　上白垩统　下白垩统　侏罗系　三叠统　上二叠统　上石炭统

图 6-14　滴西 17 井埋藏史与古地温演化

四、松辽盆地

（一）汪家屯—升平地区气田

松辽盆地北部汪家屯—升平地区深层指下白垩统登娄库组、营城组、沙河子组及上侏罗统火石岭组。火石岭组主要为一套火山喷发岩。沙河子组为深湖、半深湖相沉积，以暗色泥岩为主，夹泥质砂岩、砂砾岩，厚度可达1000m 以上。营城组以大套火山岩为主，夹冲积相、湖相沉积岩，厚度变化较大，形成该区主要的火山岩储集层。登娄库组厚度约 400m，登一段缺失，登二段为滨浅湖相沉积，岩性以暗色泥岩为主，为该区较好的盖层。登三段、登四段为河流相的砂泥岩互层沉积，形成上部的另一套储集层。深部组合之上的泉一段、泉二段总厚度为 300~500m，以滨浅湖、河流相的暗紫色泥岩为主，夹泥质粉砂岩、粉砂岩，分布稳定，为该区另一套区域盖层。该区 W903 井、ShS101 井、SS2 井、ShS4 井的油藏剖面见图 6-15、图 6-16。

1. 构造特征描述

W903 井位于徐家围子断陷带汪家屯 T₃ 层构造的东部断块上。该断块面

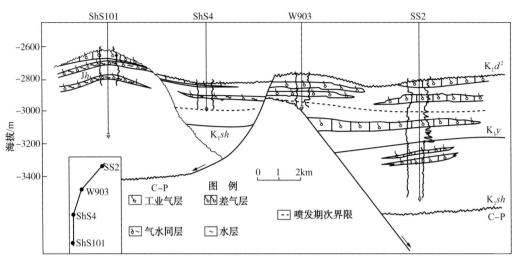

图 6-15　汪家屯火山岩气藏剖面图（南北向）

ShS101 井位于升平构造上，ShS4 井位于汪家屯和升平构造的鞍部

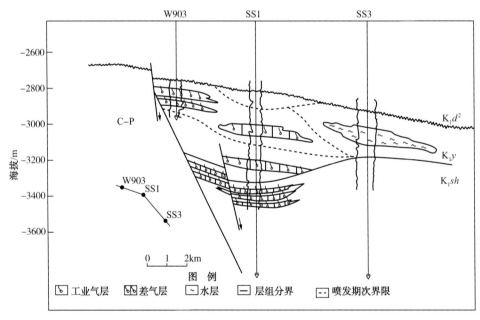

图 6-16　汪家屯火山岩气藏剖面图（东西向）

积约 4km²，构造形态为穹窿状，顶部较平缓，边部坡度较大。

ShS2 井位于徐家围子升平构造上，该构造是一个长期发育的背斜。

2. 天然气藏特征描述

W903 井钻遇营城组酸性喷发岩层段 103m，为流纹质凝灰岩和致密熔岩。该层段为裂缝性凝灰岩储集层，两种岩性的有效孔隙度分别为 8% 和 2.5%。对该井 2962.4~3053.2m 井段测试获日产气 5179m³，对 2962.4~3037m 井段压裂改造，产量达到 50518m³/d。其油藏类型为构造—岩性气藏（图 6-17）。

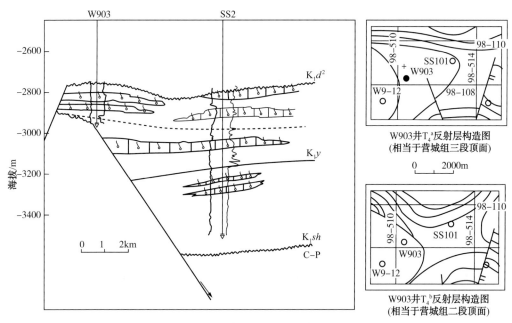

图 6-17　W903 井气藏剖面图及顶底面反射层构造图

ShS4 井钻遇营城组酸性喷发岩 148.82m（未穿），该井火山岩储层主要为营城组三段酸性熔岩。对该井 3054.4~3073.4m 井段压裂改造后，日产气 13865m³，日产水 94m³（图 6-18）。

ShS101 井钻遇营城组四段杂色凝灰质砂砾岩及火石岭组喷溢相安山岩，2842~2954.4m 井段日产天然气达 29361m³（图 6-19）。

根据各井揭示的情况来看，气层多为孔隙型储层，凝灰岩和熔岩都有，凝灰岩孔隙是粒间孔及重结晶作用的次生孔隙，熔岩孔隙为气孔、晶间孔及次生熔岩孔，连通性好的则成为火山岩储层（张殿成等，2000）。登娄库组的泥岩层和营城组的致密火山岩层是火山岩气藏的盖层。该区登娄库组泥岩厚度为 100~250m，具备成为区域盖层的条件，而营城组致密火山岩亦可构成局部盖层，二者结合有效地封闭了火山岩储层中的天然气，形成了该区的火山岩气藏。

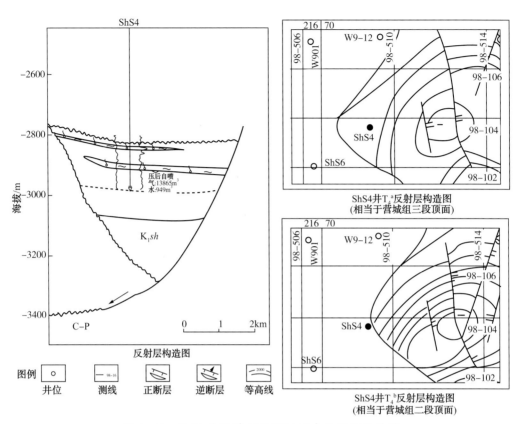

图 6-18 ShS4 井气藏剖面图及顶底反射层构造图

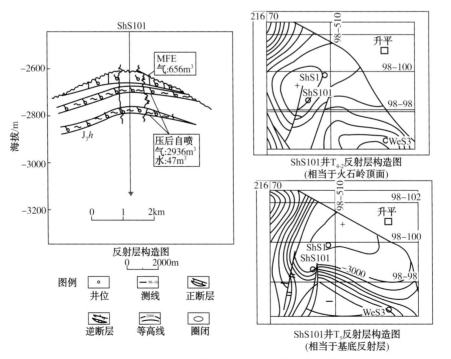

图 6-19 ShS101 井气藏剖面图及顶底反射层构造图

（二）昌德气田

昌德气田位于松辽盆地北部古中央隆起带中部（昌德气藏）及其东部斜坡地带（昌德东气藏）（图6-20），与形成气藏密切相关的地层有泉头组二段以下的早白垩世地层，包括登娄库组、营城组、沙河子组。沙河子组地层为深湖、半深湖相沉积，岩性以暗色泥岩为主，夹泥质砂岩、砂砾岩，厚度可达1000m以上。营城组以大套火山岩和火山碎屑岩为主，夹湖相沉积岩，厚度变化较大，形成该区主要的火山岩储集层。登娄库组厚度在400m左右，可划分为4个层段：登一段为砂砾岩地层，为近物源的扇三角洲辫状河沉积，地层厚度为20~57m；登二段为滨浅湖相沉积，岩性以暗色泥岩为主，为该区较好的盖层；登三段、登四段为河流相的砂、泥岩互层沉积并形成上部的另一套储层。泉一段、泉二段地层总厚度为300~500m，以滨浅湖、河流相的暗紫色泥岩为主，夹泥质粉砂岩、粉砂岩，分布稳定，为该区另一套区域盖层。登娄库组以下地层为该区主要的烃源岩，有机碳含量较高。其中以沙河子组烃源岩为最好，有机碳的质量分数平均达2.25%，平均氯仿沥青"A"高达0.315%。有机质类型主要以Ⅱ型为主，约占85%，Ⅲ型约占15%。烃源岩处于高成熟到过成熟阶段。

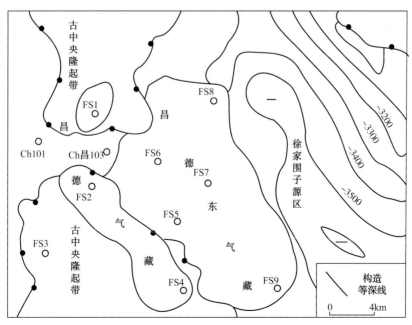

图6-20 昌德气藏平面位置及钻孔分布图（张晓东等，2000）

第七章　中国火山岩油气资源潜力及勘探方向

一、中国火山岩油气资源潜力

从目前情况分析，各大盆地火山岩分布区油气资源潜力大。如准噶尔盆地、塔里木盆地、柴达木盆地、走廊地区、松辽盆地、华北盆地、四川盆地、南海地块等。另外，广大南方隆起区油气资源潜力大小差别较大。

二、中国火山岩油气勘探方向

（1）各大盆地火山岩分布区：准噶尔盆地、塔里木盆地、柴达木盆地、走廊地区、松辽盆地、华北盆地、四川盆地、南海地块等。

（2）广大南方隆起区：首先选择油气资源潜力较大和保存条件好的地区。

参考文献

[1] 朱毅秀，金之钧，林畅松，等 . 塔里木盆地塔中地区早二叠世岩浆岩及油气成藏关系 [J]. 石油实验地质，2005，27（1）：50~54.

[2] 康玉柱 . 塔里木盆地构造体系与油气关系 [M]. 北京：地质出版社，1989.

[3] 郭占谦 . 火山活动与石油天然气的生成 [J]. 新疆石油地质，2002，23（1）：5~10.

[4] 周路，王绪龙，雷德文，等 . 准噶尔盆地莫索湾凸起石炭系上部岩性预测 [J]. 中国石油勘探，2006，11（1）：69~79.

[5] 康玉柱 . 塔里木盆地古生代海相碳酸盐岩储集岩特征 [J]. 石油实验地质，2007，29（3）：217~223.

[6] 文百红，杨辉，张研，等 . 中国典型火山岩油气藏地球物理特征及有利区带预测 [J]. 中国石油勘探，2006，11（4）：67~73.

[7] 周荔青，吴聿元，张淮 . 松辽盆地断陷层系油气成藏的分区特征 [J]. 石油实验地质，2007，29（1）：217~223.

[8] 齐井顺 . 松辽盆地北部深层火山岩天然气勘探实践 [J]. 石油与天然气地质，2007，28（5）：590~596.

[9] 黄泽光，高长林 . 南华北中生代火山岩与前渊盆地 [J]. 石油实验地质，2006，28（1）：1~7.

[10] 宋维海，王璞珺，张兴洲，等 . 松辽盆地中生代火山岩油气藏特征 [J]. 石油与天然气地质，2003，24（1）：12~17.

[11] 周建国 . 济阳—昌潍坳陷火山岩地球化学特征及其动力学意义 [J]. 油气地质与采收率，2006，13（1）：31~34.

[12] 谈迎，刘德良，李振生 . 松辽盆地北部二氧化碳气藏成因地球化学研究 [J]. 石油实验地质，2006，28（5）：480~483.

[13] 康玉柱 . 中国古生代海相成油特征 [M]. 乌鲁木齐：新疆科技卫生出版社，1995.

[14] 康玉柱，甘振维，康志宏，等．中国主要盆地油气分布规律与勘探经验 [M].乌鲁木齐：新疆科技出版社，2004.

[15] 康玉柱，王宗秀，康志宏，等．准噶尔—吐哈盆地构造体系控油作用研究 [M].北京：地质出版社，2011.

[16] 康玉柱．中国主要构造体系与油气分布 [M].乌鲁木齐：新疆科技卫生出版社，1999.

[17] 康玉柱．中国西北地区油气地质特征及资源评价 [M].乌鲁木齐：新疆科技卫生出版社，1997.

[18] 康玉柱．世界油气分布规律及发展战略 [M].北京：地质出版社，2016.

[19] 康玉柱，王宗秀，康志宏，等．柴达木盆地构造体系控油作用研究 [M].北京：地质出版社，2010.

[20] 康玉柱．塔里木盆地古生代海相油气田 [M].武汉：中国地质大学出版社，1992.

[21] 康玉柱，蔡希源．中国古生代海相油气田形成条件与分布 [M].乌鲁木齐：新疆科技卫生出版社，2002.

[22] 康玉柱，孙红军，康志宏，等．中国古生代海相油气地质学 [M].北京：地质出版社，2011.

[23] 康玉柱．塔里木盆地石油地质特征及油气资源 [M].北京：地质出版社，1996.